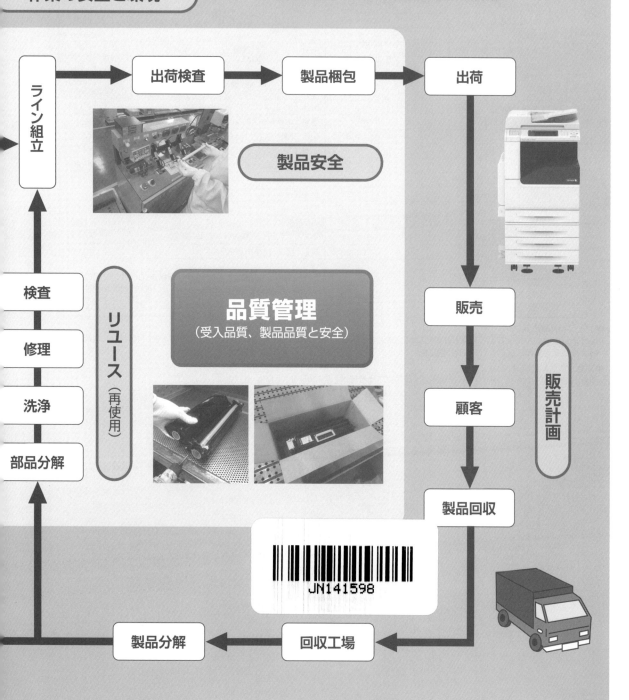

品質管理検定(QC検定)4級レベル表と本書との対応

品質管理検定センター「品質管理検定レベル表(Ver.20150130.1)」から作成。

	品質管理の実践	関連ページ		品質管理の手法	関連ページ
品質管理	品質とその重要性	p.67	事実に基づく判断	データの基礎(母集団, サンプリング, サンプルを含む)	p.74
	品質優先の考え方(マーケットイン, プロダクトアウト)	p.67		ロット	p.70
	品質管理とは	p.68		データの種類(計量値, 計数値)	p.85
	お客様満足とねらいの品質	p.97		データのとり方, まとめ方	p.70,71
	問題と課題	—		平均とばらつきの概念	p.75,76
	苦情, クレーム	p.97	データの活用とみかた	平均と範囲	p.75,77
管理	管理活動(維持と改善)	p.69		QC七つ道具(種類, 名称, 使用の目的, 活用のポイント)	p.79
	仕事の進め方	p.69			
	PDCA, SDCA	p.68		異常値	—
	管理項目	p.100		ブレーンストーミング	—
改善	改善(継続的改善)	p.69		企業活動の基本	関連ページ
	QCストーリー(問題解決型QCストーリー)	p.69		製品とサービス	p.10,11
	3ム(ムダ, ムリ, ムラ)	p.69		職場における総合的な品質(QCD+PSME)	p.26
	小集団活動とは(QCサークルを含む)	p.69		報告・連絡・相談(ほうれんそう)	p.114
	重点指向とは	p.84		5W1H	p.114
工程(プロセス)	前工程と後工程	p.43		三現主義	p.69
	工程の5M	p.73		5ゲン主義	—
	異常とは(異常原因, 偶然原因)	p.85		企業生活のマナー	—
検査	検査とは(計測との違い)	p.94		5S	p.117
	適合(品)	p.73		安全衛生(ヒヤリハット, KY活動, ハインリッヒの法則)	p.109, p.114
	不適合(品)(不良, 不具合を含む)	p.73		規則と標準(就業規則を含む)	p.151
	ロットの合格, 不合格	p.94			
	検査の種類	p.94,95			
標準・標準化	標準化とは	p.69			
	業務に関する標準, 品物に関する標準(規格)	p.32,99 p.99			
	いろいろな標準《国際, 国家》	p.98,99			

※4級は, Webで公開している"品質管理検定(QC検定)4級の手引き(Ver. 3.0)"の内容で, このレベル表に記載された試験範囲から出題される。

◆認定する知識と能力のレベル◆
・組織で仕事をするにあたって, 品質管理の基本を含めて企業活動の基本常識を理解しており, 企業等で行われている改善活動も言葉としては理解できる。
・社会人として最低限知っておいてほしい仕事の進め方や品質管理に関する用語の知識は有している。

◆対象となる人材像◆
・初めて品質管理を学ぶ人や新入社員, 社員外従業員, 初めて品質管理を学ぶ大学生・高専生・高校生

工業管理技術

新訂版

実教出版株式会社

まえがき

　初版を刊行以来早くも十数年がたち，日本を取り巻く社会・経済状況も大きく変わってきたが，ものづくり（製造業）が日本の根幹をなす産業であることには依然として変わりはなく，製造業が日本の国力の源泉の一つであることはあきらかである．また，近年の著しい科学技術の進歩，とくに情報技術の革新は，新しい産業を生み育て，職業間の分業形態の変化だけでなく，新しい職業を生む変化を起こしており，最近はこの傾向が顕著になってきている．このような変化の中にあっては，企業におけるものづくりに固有な技術とととともに生産システムの運営・管理技術がますます重要となってきている．

　本書の目的は，製造業を中心とした企業の組織全体としての経営・管理と，工場における運営・管理に関する知識と技術を習得させ，将来のものづくりの現場において実際に活用できる能力を育てることにある．そのため本書は，学校を卒業したあと製造業を中心とした企業で働こうとする者や起業家をめざす者のために，職業や産業の概要，企業のしくみや各種の工業管理技術の知識・技術などが習得できるようにまとめたものである．

　生産管理では，生産目標（納期，品質，価格など）を達成するために，生産計画（購入，製造，在庫など）を作成する方法と，「人，物，機械，方法，金」を効率的に運用する方法について学習する．生産管理は工業管理の根幹となる管理であり，この巧拙が企業の浮沈を左右するといわれるほど重要なものである．

　品質管理では，データに基づいた統計的品質管理の基礎，管理図をはじめとするQC七つ道具などを用いて，設計品質を満たす製品を経済的に生産する方法について学習する．競争の激しい現代において，顧客の要求に合った品質の製品を経済的に提供することは企業にとって必須である．

　ここではさらに，昨今の品質管理の重要性の認識などにともない，今回の改訂にあたって，工業高校生も学習できるように，QC検定の4級レベルさらには3級レベルにも対応できるように加筆し，そのための模擬的な問題も第6章の章末問題に追加した．

　また，SHE（Safety：安全，Health：健康，Environment：環境）は企業活動の前提である．安全衛生管理では，生産活動がもたらす安全と健康に対する危険から従業員を守るため，製造現場における労働災害の種類やその防止策，安全衛生教育の組織・役割および安全に対する考え方について学習する．環境管理では，事例などを通して環境管理の重要性を学び，製品のライフサイクル全体（資源採取から廃棄に至る各段階）からの環境への影響についても学ぶ．省資源・環境保全の観点から，大量生産・大量消費・廃棄型社会に代わり，循環型社会を構築するための企業活動はますます重要になってきている．

　人事管理では，必要な人材の採用から退職までの人事政策や人事考課などについて，そして企業会計および工業経営関連法規では，工場の経営に関する基礎的な知識と技術について，それぞれ学ぶ．

　本書は，工業高等学校のテキストとしてはもちろん，技術系・工学系の高等専門学校，大学ならびに企業における社員教育の活用も視野に入れて作成したものである．改訂にあたり，現行指導要領に準拠させつつQC検定にもできるだけ適応させ，さらに，統計資料の更新にともなう記述や事例，法律の改編などについて適宜加筆・修正を行った．

もくじ

第1章　職業と産業

1 職業とは ……………………………………………………………………………… 1
　　1.職業と勤労(1)　　2.職業の分類(2)
2 産業とは ……………………………………………………………………………… 3
　　1.産業の分類(3)　　2.産業構造の変化(4)
3 製造業とは …………………………………………………………………………… 5
　　1.製造業の役割(5)　　2.製造業の競争力(6)
　　❖ **Column** 海外生産とマザー工場(7)
4 起業とは ……………………………………………………………………………… 7
　　1.起業の現状(8)　　2.起業の過程(9)
■ 章末問題 ……………………………………………………………………………… 9

第2章　企業のしくみ

1 企業とは ……………………………………………………………………………… 10
　　1.企業の役割(10)　　2.企業の形態(12)
　　❖ **Column** 株式会社と株主(13)
2 管理組織 ……………………………………………………………………………… 13
　　1.管理組織と業務(13)　　2.企業組織の原理(14)
　　3.管理組織の分類(15)
3 管理業務 ……………………………………………………………………………… 16
　　1.製造業の基本機能(16)　　2.管理サイクル(17)
■ 章末問題 ……………………………………………………………………………… 18

第3章　工業管理技術の概要

1 製造業のしくみ ……………………………………………………………………… 19
　　1.製造業の必要性(19)　　2.生産のしくみ(20)
2 工業管理のしくみ …………………………………………………………………… 24
　　1.工業管理の役割(24)　　2.工業管理とは(25)
　　❖ **Column** 品質管理の流れ(QCDとPSME)(26)
■ 章末問題 ……………………………………………………………………………… 26

第4章　生産管理

1 生産管理の役割と意義 ……………………………………………………………… 27
　　1.生産計画と工程管理(27)　　2.管理の基本(28)
2 生産形態 ……………………………………………………………………………… 29
　　1.受注生産と見込生産(29)　　2.個別生産と連続生産(30)
　　❖ **Column** 生産管理の歴史(31)

3 生産計画 ·· 32
1.生産計画の機能(32)　　2.手順計画(32)
3.日程計画(33)　　❖ Column ガント(34)
4.在庫計画(37)　　5.工数計画(41)　　6.材料計画(43)
7.かんばん方式とMRP(43)　　8.生産管理の新しい流れ(45)

4 工程管理 ·· 46
1.差立(作業指示)(46)　　2.進捗管理(47)
3.余力管理(49)　　4.現品管理(50)

5 物流 ·· 50
1.物流とは(50)　　2.調達物流(51)
3.製品物流(51)　　4.物流の新しい流れ(51)

■ 章末問題 ·· 52

第5章　工程分析と作業研究

1 工程分析と作業研究の役割と意義 ······························· 53
❖ Column テイラー(54)

2 工程分析 ·· 54
1.工程図記号(54)　　2.ライン編成(56)

3 作業研究 ·· 59
1.方法研究と作業測定(59)　　2.動作研究(61)
❖ Column ギルブレス(F.B.Gilbreth)(63)
3.標準時間(63)　　4.PTS法(66)

■ 章末問題 ·· 66

第6章　品質管理

1 品質管理の意義と目的 ······································· 67
1.品質管理(68)　　2.品質と品質特性(70)

2 品質管理の手法 ·· 70
1.測定値のまとめ方(70)　　2.統計的品質管理の基礎(73)
3.QC七つ道具(79)
❖ Column シックスシグマ(87)　　(参考)管理図のみかた(88)
❖ Column 二項分布(92)　　❖ Column 新QC七つ道具(93)

3 品質検査 ·· 94
1.検査の種類(94)　　2.検査特性曲線(95)

4 品質保証 ·· 97
1.品質保証の考え方(97)　　2.品質保証活動の進め方(98)
❖ Column 品質管理の意思決定(実験計画法とKT法)(100)

■ 章末問題 ··· 101

第7章　安全衛生管理

1 安全衛生管理の役割と意義 ··· 103
2 労働災害 ··· 104
　　1.労働災害統計(104)　　2.労働災害の防止(107)
　　❖ Column 安全第一(safety first)(109)
3 安全衛生活動 ·· 110
　　1.安全衛生教育(110)　　2.安全衛生の確保(113)
　　❖ Column 身近な5S活動の例(117)
　　3.作業環境と労働衛生(121)
4 安全衛生管理組織 ··· 123
　　1.安全衛生管理の組織と役割(123)
　　2.生産部門での安全衛生管理の義務(126)
■ 章末問題 ··· 128

第8章　環境管理

1 環境管理の役割と意義 ·· 129
2 環境問題への取り組み ·· 130
　　1.企業と地域の環境問題(130)　　❖ Column 四大公害(131)
　　2.地球規模での環境保全(134)
3 企業の環境保全への取り組み ·· 135
　　1.資源の有効利用のための活動(135)　　❖ Column 省エネルギー(138)
　　❖ Column ダイオキシン(140)　　❖ Column 微小粒子状物質(PM2.5)対策(140)
　　2.企業の環境管理活動(141)　　3.環境への取り組み(144)
　　❖ Column PRTR制度(148)
■ 章末問題 ··· 148

第9章　人事管理

1 人事管理の役割と意義 ·· 149
2 労働契約と労働関連法規 ··· 151
3 人事政策と人事管理 ··· 152
　　1.人事政策と組織編成(152)　　2.労働者区分と人事制度(153)
　　3.採用管理(153)　　4.労使関係(154)　　❖ Column ハラスメント(155)
4 人材育成 ··· 156
　　1.人材教育(156)　　2.配置と異動(157)
5 人事考課と処遇 ··· 158
　　1.人事考課(158)　　2.賃金管理(159)
　　3.昇格・昇進管理(160)
6 福利厚生 ··· 161
■ 章末問題 ··· 162

第10章　企業会計

1 企業会計の役割と意義··163
　　1.企業会計と経営活動の関係(163)　　❖ **Column** 簿記(164)
　　2.財務会計と管理会計(165)
2 原価管理···166
　　1.原価管理の意義(166)　　2.原価の構成(167)
　　(参考)損益分岐点を数式で解いてみよう(169)
　　❖ **Column** 減価償却とは(170)
3 財務諸表···173
　　1.財務諸表の役割と意義(173)　　2.財務諸表の種類(173)
　　(参考)企業判断の指標(175)
■ 章末問題··176

第11章　工業経営関連法規

1 法令の体系··177
2 企業経営一般に関する法律··179
3 労働関係に関する法律···180
4 技術と工業振興に関する法律···183
5 環境保全に関する法律···185
6 製造業に関係する資格と法令··187

その他

● 工業管理の全体の流れ(複合機/複写機の例)·· 見返し1・2
● 品質管理検定(QC検定)4級レベル表と本書との対応 ································· 見返し3
● 品質管理検定(QC検定)3級レベル表と本書との対応 ································· 見返し4
● 工業管理における各管理業務·· 見返し5・6

第1章

職業と産業

　私たちの周囲には、さまざまな職業や産業がある。
　この章では、職業や職業観、勤労観、職業の分類、産業の分類や製造業などについて学ぼう。

クレーンの組立作業をする人々

1 職業とは

　私たちは学業を終えると、社会を構成する一員として、企業に就職したり、家業を継いだり、または事業を起こす(**起業する**)ことなどにより、経済的に自立し、社会的な責任を果たすことになる。ここでは、職業の意義やどのような職業があるか、またそれはどのように分類されているのかを学ぼう。

1 職業と勤労

　企業や官庁などの事業所において、製品を製造したり、情報やサービスなどを提供する経済活動を**産業**といい、この経済活動の中で人々が日常従事する業務・仕事のことを**職業**という。❶

　私たちが職業を選ぶとき、**経済性、社会性、個人性**の三つの側面から検討する必要がある。経済性とは「収入を得て、生計を立てること」をいい、社会性とは「人や社会のために役立つこと」をいう。また、個人性とは「自己を実現すること」を意味する。❷

　人は、人生観・価値観の違いにより何を重要と考えるかは異なるの

❶個人が職業につくことで、社会生活の役割を担うことから、社会の成員として認められる。したがって職業は、個人と社会をつなぐ通路といえる。
❷これを**職業の3要素**という。

で、人により選ぶ職業は当然異なってくる。経済性を重視すれば「収入の多い職業」を、社会性を重視すれば「社会的な役割を果たし、世の中から高く評価される職業」を、個人性を重視すれば、「能力・適性を生かし、自己実現をはかれる職業」を選ぶことになる。

　たとえば、航空機を製造するとき、設計士、生産管理者、調達作業者、工程作業者など多くの職業の人が関与し、どの職業の人が欠けても航空機を製造し、安全に運航することはできない（図1-1）。このように、世の中にある職業はいずれも必要不可欠であり、人は職業についたとき**職業人**としての誇りをもつとともに、与えられた仕事を確実に行う責任がある。

　職業にはそれぞれ必要な知識・技術・技能があり、また、法律によって資格や免許の取得を義務づけられた業務もある。職業人としての職責を果たしていくためには、これらの知識・技術・技能の維持・向上につとめなければならない。

❶▶第11章 p.178, p.187参照。

図1-1　ものづくりにたずさわるさまざまな職業の人々

2　職業の分類

　私たちが生活する社会には、さまざまな職業があり、それぞれに従事している人々がいる。

　総務省では、大分類、中分類、小分類および細分類の4段階に職業を分類している。大分類と職業の例を表1-1に示す。

　職業は社会の状況に応じて変化し、供給する製品や、情報、サービスとともに変化していく。たとえば、ゲームプログラマ、気象予報士、証券アナリストなどのように新たに生まれる職業がある。一方、機械

❷平成21年12月の統計基準設定における職業分類による。必要に応じて、分類項目も適時改定されている。

化などにより，しだいに消えていく職業もある。

職業に必要な知識・技術・技能をもつ求職者数と求人者数が同数であることが理想であるが，現実には合わないことが多い[❶]。

❶これを**雇用のミスマッチ**という。

表1-1　職業分類の例

職業（大分類）	職業の例
A．管理的職業従事者	管理的公務員，法人・団体役員
B．専門的・技術的職業従事者	研究者，技術者，教員，医師
C．事務従事者	一般事務，運輸・郵便事務
D．販売従事者	商品販売，販売類似職業
E．サービス職業従事者	介護サービス，飲食物調理，接客
F．保安職業従事者	自衛官，警察官，消防員
G．農林漁業従事者	農業作業者，林業作業者，漁業作業者
H．生産工程従事者	金属加工，一般機械器具・電気機械器具・輸送機械組立・修理，紡織，衣服・繊維製品，木・紙製品，製品検査
I．輸送・機械運転従事者	鉄道運転員，自動車運転員，船舶・航空機運転員，建設機械運転員
J．建設・採掘従事者	建設作業者，電気工事作業者，土木作業者，採掘作業者
K．運搬・清掃・包装等従事者	運搬作業者，清掃作業者，包装作業者
L．分類不能の職業	分類不能の職業

（総務省「日本標準職業分類」（平成21年12月統計基準設定）から作成）

問1　衣類の供給に関連する職業をあげてみよ。
問2　自分に適していると思う職業をあげ，その理由を考えてみよ。
問3　情報通信技術の発展により，今後しだいに消えていくと思う職業をあげ，その理由を考えてみよ。

2　産業とは

職業につくことは，製品・サービスを供給する経済活動を行うことであり，産業の一端を担うことである。この節では，産業の分類，構造について学習しよう。

1　産業の分類

産業は，その特徴に基づいて次の三つに大別される[❷]（表1-2）。

　　第一次産業………直接自然の状態を利用する。
　　第二次産業………地下資源の採掘と原材料を加工する。
　　第三次産業………その他

また，第二次産業の中に分類される製造業には，食品，飲料，繊維，パルプ・紙，化学，石油・石炭，プラスチック，窯業・土石，鉄鋼，

❷「日本標準産業分類」（総務省，平成25年10月改定）では，産業を次のように分類し，その項目の数が示されている。
　　大分類：20
　　中分類：99
　　小分類：530

非鉄金属，金属製品，電気機械，輸送用機械，精密機械などがある。

問 4 自分が興味をもつ産業をあげ，表1-2のどの項目に相当するか考えてみよ。

表1-2 産業の分類

産業	おもな産業
第一次産業	農業，林業，漁業
第二次産業	鉱業，建設業，製造業
第三次産業	電気・ガス・熱供給・水道業，情報通信業，運輸・郵便業，卸売・小売業，金融・保険業，不動産・物品賃貸業，学術研究，専門・技術サービス業，宿泊業，飲食サービス業，生活関連サービス業，娯楽業，教育，学習支援業，医療・福祉，複合サービス業，公務

(総務省「日本標準産業分類」から作成)

2 産業構造の変化

第一，第二および第三次産業の構成比率の変遷を，国内総生産(GDP)❶と就業者数からみると，図1-2(a)，(b)のようになっている。この図から，次のようなことがいえる。

❶Gross Domestic Product
本書では，日本を対象にする。

1) 1950年代から1970年代前半の工業の発展にともない，第一次産業の比率が減り，第二次産業が増加した。

2) 1970年代後半から近年に至る期間では，引き続き第一次産業の比率が減り続けるとともに，第二次産業の比率も減少し，代わって第三次産業の比率が上昇している。

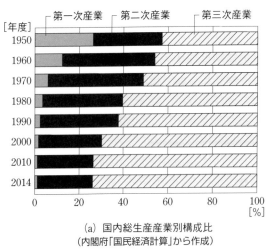

(a) 国内総生産産業別構成比
(内閣府「国民経済計算」から作成)

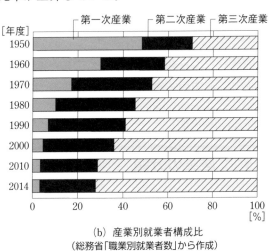

(b) 産業別就業者構成比
(総務省「職業別就業者数」から作成)

図1-2 第一，第二，第三次産業構成比率の変遷

このような特徴は，多くの工業国の発展過程に共通するものである。日本が工業化社会として発展・成長すると同時に，知識・情報・サービスなどにかかわる産業が重要な役割を果たす**情報化社会**（IT 社会）へと移行してきたことがわかる。

第三次産業の比率を高める要因として，情報技術の発展だけでなく，企業において**内製**していたサービス部門の**外製化**，および少子高齢社会の到来による介護・福祉サービスの増加が考えられる。

> **問 5** 自分の住んでいる都道府県，市町村の産業構造を調べ，国と比べてみよ（国勢調査の結果を調べてみる）。
>
> **問 6** アウトソーシングを行っている業務には，どのようなものがあるか調べてみよ。

❶Information Technology の略。情報技術。

❷内製とは，自社で業務を行うことである。
❸外製とは，他社に業務を委託することであり，**アウトソーシング**（outsourcing）という。

3 製造業とは

製造業は，鉱業および建設業とともに第二次産業を構成し，わが国では 2013 年において，その生産額の 75% 以上を占めている。前節で述べた第二次産業の変遷は製造業の変遷ともいえる。

この節では，日本における製造業について学習しよう。

❹「平成 25 年度国民経済計算確報」（内閣府）による。

1 製造業の役割

製造業は，主として第一次産業である農業，漁業および林業の生産物や鉱業からの鉱物資源を用いて製品を製造する**装置工業**と，装置工業の製品を加工・組立して製品を製造する**機械加工・組立工業**，**その他の製造業**に大別される。

現在，日本は世界で最も豊かな国の一つになったが，それは，図 1-3 に示すように，長期にわたる大きな貿易収支の黒字に依存するところが大きかった。しかし 2011 年からは，貿易収支が赤字に転じている。

天然資源に恵まれない日本が，豊かな生活を維持・向上させるためには，これからも製造業の国際競争力を高め，生産された製品を海外に輸出することで，貿易収支の黒字を確保していく必要がある。そのための技術革新と工業管理技術の向上が，ますます重要になっている。

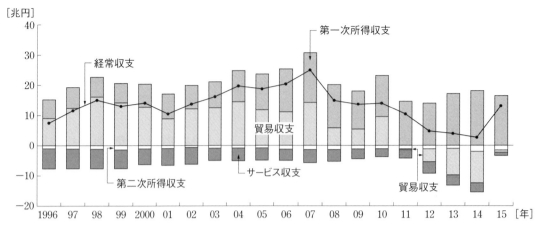

1995年代中ごろから2010年まで，貿易収支の黒字が経常収支の黒字の多くを占めてきた。しかし，2011年に貿易収支が赤字に転じたあとは，2015年の時点まで，第一次所得収支❶が貿易収支の赤字を補う状況が続いている。

図1-3 わが国の経常収支と貿易収支の推移
（財務省「国際収支状況」による）

❶第一次所得収支：国外の金融債権・債務から生じる利子・配当金等の収支。
❷経常収支＝（貿易収支）＋（サービス収支）＋（第一次所得収支）＋（第二次所得収支）
貿易収支：製品の輸出入による収支。
サービス収支：輸送，旅行，金融，知的財産権等使用料などの収支。
第二次所得収支：官民の無償資金協力，寄付，贈与の受払等の収支。
❸品質（quality），原価（cost），納期（delivery）をまとめて QCD と表し，**需要の3要素**という。
▶第4章 p.28 参照。
❹2013年は，以下のような割合で海外生産を行った。
　輸送機器：43.7％
　情報通信機械：30.4％
　はん用機械：27.6％
　化学：20.5％
（経済産業省「海外事業活動基本調査」による）

2 製造業の競争力

製造業の競争力とは製造された製品の競争力，つまり製品の**品質・原価・納期**などである。日本の製造業は，これまで高い製品開発力，製造技術や工業管理技術，優秀な従業員により製品の競争力を維持してきている。表1-3に日本の主要製品の輸出額とその構成比率を示す。輸出額の多い製品を生産している製造業が，強い国際競争力をもっていることになる。

表1-3 主要製品の輸出額（2014年）

製　品	輸出額［兆円］	構成比率［％］
輸送用機器（自動車など）	16.9	23.1
一般機械（原動機など）	14.2	19.4
電気機器（電子部品など）	12.7	17.4
原料別製品（鉄鋼など）	9.5	13.0
化学製品（有機化合物など）	7.8	10.7
その他（科学光学機器など）	12.0	16.4

（財務省「貿易統計」による）

わが国では，近年，製造価格に大きな影響を与える石油・電力・天然ガスなどのエネルギーコスト，輸送コスト，労働コストなどが海外に比べて割高なため，価格競争力の低下を招いている。このため，企業として国際競争力を確保するために，生産拠点を労働コストの低い開発途上国や製品の消費地である海外に移転する傾向がみられる。こ

の結果，国内での労働市場が縮小されてきており，就職難や失業率を高める一因になっている。日本の製造業が，このような状況のもとでも国際競争力を維持し，さらに強める必要がある。

問 7 輸入されている割合の多い製品をあげて，その特徴を話し合ってみよ。

Column 海外生産とマザー工場

企業のグローバル化は，わが国製造業における海外生産比率の増加をもたらしている。しかし，海外生産が成功するには，高い技術力，企画・開発力，工業管理能力が必要である。それを支援するために，国内の工場にはこれらの力の維持・向上の機能が求められており，その機能を備えた工場を**マザー工場**とよんでいる。マザー工場において，現地に適した製品と生産技術の開発，現地技術者と管理者の育成を行うことで，海外生産を支援している。

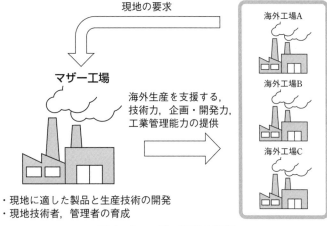

図1-4 マザー工場の役割

4 起業とは

私たちの生活とそれを取り巻く社会は，私たち自身のさまざまな活動により新たな要求(問題と機会)を生み出し，つねに変化を続けている。そのため，社会の要求に合わなくなった事業はいずれ衰退する。社会の持続的な発展には，新たな技術と発想により，変化し続ける社会の要求を満たす担い手が必要である。このように，新技術，新発想により新たな事業を起こすことを**起業**とよび，起業による新たな事業が私たちの生活と社会の持続的な発展の原動力となっている(図1-5)。なお，起業と会社の設立とは同じとはかぎらない。企業の中で新たな事業をはじめることも起業といえる。また個人であっても，新たな事業をはじめれば起業となる。この節では，起業について学習しよう。

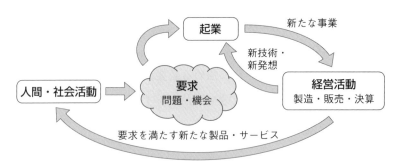

図1-5 要求の変化と起業

❶ある特定の期間において，「新規に開設された事業所(または企業)を年平均にならした数」を「期のはじめにおいてすでに存在していた事業所(または企業)の数」で割って求める。

❷Information and Communication Technologyの略。情報処理および情報通信分野における技術，設備，サービスなどの総称をいう。

❸digital fabrication：
レーザカッタ，3Dプリンタなど，コンピュータと接続されたデジタル工作機械によって，3次元のデジタルデータからさまざまな素材を成形する技術のこと。

❹crowdfunding：
不特定多数の人が，インターネット経由で他の人々や組織に財源の提供や協力を行うこと。crowd(群衆)とfunding(資金調達)を組み合わせた造語。

❺Social Networking Serviceの略。インターネットを介した交流を通し，社会的ネットワークを構築するサービスのこと。

1 起業の現状

わが国は，起業の活発度を示すとされる**開業率**❶の国際比較(図1-6)において，欧米と2倍から3倍程度の開きがある。これは，わが国では起業に対する知識・能力を養成する機会が欧米諸国に比べて乏しく，また起業環境が整っていないことが一因といえる。

そのため，官民をあげて起業を後押しする活動が行われており，これまでの起業において多くを占めていた情報通信関連分野だけでなく，製造業の分野においても起業がしやすい環境が整いつつある。また近年のICT❷の発展は，**デジタルファブリケーション**❸，あるいは**クラウドファンディング**❹や量産工場などの活用を可能にしつつあり，これまで工業分野の起業のさまたげであった製品開発の手間とコスト，量産化のための設備投資コストを最小限に抑えて製品を量産することを可能にしつつある。さらに，SNS❺など非公式なコミュニケーションの広がりは，大企業に匹敵するグローバルな販売網を短期間に整備できる可能性を小規模な企業にもたらしている。

今後，わが国においても起業が活発化し，社会の持続的な発展に貢献することが期待される。

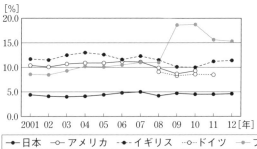

フランスの開業率が2009年に大幅に増加しているのは，起業後に最低限の収入を確保する制度(個人事業者制度)をこの年に導入したことによるものと考えられる。

図1-6 開業率の国際比較
(中小企業庁「中小企業白書2014年版」による)

問8 家庭で使用している製品を製造している企業について，起業当時の状況を調べてみよ。

2　起業の過程

　起業は，およそ図1-7に示す過程を経て実現するといえる。

　起業アイディアの評価では，起業により新たに提案する製品やサービスが市場で評価されるか，現在の市場の状況と今後のみとおしを検討する。市場とは，製品やサービスを販売する企業と，それらを利用する顧客を含めたものであり，その規模，販売価格，ライバル企業も含めて考える。起業アイディアの具体化では，起業のアイディアを，人，物，機械，方法，金，情報など，利用可能な資源の観点から具体化する。これらは，ライバル企業との本質的な競争力の差につながるものである。

　さらに起業のプラン化では，起業アイディアに対し**投資の経済的評価**❶などから実現可能性を評価し，起業を実行に移すための具体的な起業計画を作成する。そのさい，起業における**リスク**❷も分析する必要がある。リスクは，起業が失敗する場合と起業を行わない場合の損失の観点から検討し，それらを起業計画に盛り込む。

❶起業により生じる資金の入りと出を将来にわたり予測し，投資の価値を評価すること。
❷もし発生すれば，起業の目的に影響を及ぼす，不確実な事象あるいは状態のこと。

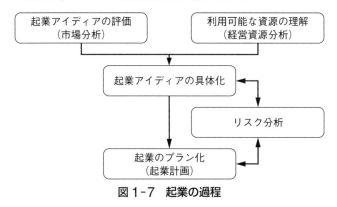

図1-7　起業の過程

章末問題

1. 将来，自分がどのような職業につきたいか，その職業を一つあげ，その職業に必要とされる知識・技術・技能について考えてみよ。
2. 興味をもつ製造業を一つ取り上げ，その製造業の歴史的変遷と将来像について考えてみよ。
3. 家庭で使用している製品を一つあげ，その製品が消費者の手にはいるまでにどのような職業の人々が関与しているかを調べよ。

第2章 企業のしくみ

多くの人の職場は企業である。企業や会社はどのようなしくみになっているのだろうか。この章では，企業の役割，企業の形態，管理組織などを学習しよう。

多くの人々が働く石油コンビナートとその関連企業

1 企業とは

企業とは，家庭における消費，国や地方公共団体および他の企業の活動に必要な経済価値のある製品やサービス・情報を提供する事業を営む個人や会社などをいう。すなわち，事業を行う事業主が資本を集めて，製品やサービスを提供するための労働力として従業員を雇い入れて事業活動する組織体をいう。

ここでは，企業の役割や企業の形態などについて学ぼう。

1 企業の役割

私たちの社会の中で企業が果たす役割は，図2-1に示すようにそれぞれ相互に関連しており，単独に存在するものではない。企業が供給する製品・サービスが消費者に評価され，支持されることが不可欠であるが，さらに企業の活動は国民生活に大きな影響を与えるので，企業は社会的責任をもつことになる。

このことから，次ページの図2-2に示すような内容も企業として要求されるようになってきた。

国や国民の消費および他の企業の活動に必要な商品・サービスを提供する。

商品・サービスを提供することによって利益をあげ，株主への配当，従業員❶への賃金を支払う。

企業の存続・発展をはかる。

雇用の確保につとめる。

納税して財政に寄与する。

図2-1　企業の役割

❶管理者，監督者および作業者をさす。

企業経営とは，必要な資金を集め，人的要素と物的要素を企業目的に基づいて経済的に運用することである。ここでの人的要素とは，経営者や管理者，監督者，作業者であり，物的要素とは，土地や建物，設備，原材料などの「物」と「金」である。

① 企業倫理に則した行動（コンプライアンス❷）
② 情報の公開
③ 環境の保全
④ 供給する商品の安全や品質の保証
⑤ 国内外の他の企業との公正・平等な競争

図2-2　企業として要求されること

❷Compliance
　法律・規則や社内基準・ルールの遵守，企業倫理・規範や企業倫理に則した行動をいう。

❶会社の分類は2006年5月の商法改正と会社法により大きく変わった。
▶第11章 p.179参照。
❷Non Profit Organization
（民間非営利組織）特定非営利活動促進法（通称NPO法）に規定された，福祉の増進，社会教育の推進，国際協力，消費者保護などの特定非営利活動を行う民間組織。
❸有限責任とは，出資者（株主）は出資額を限度として責任を負う。無限責任とは，会社が倒産した場合に事業に関係ない私財をも出して責任を負う。

すなわち，企業は製品やサービスを商品として生産し，商品として販売して資本を回収し，利潤を得るようにしている。

"企業は人なり"といわれるように，企業にとって人的要素がとくにたいせつであり，経営者だけでなく従業員がそれぞれの能力を十分発揮することができてはじめて，企業業績を向上させ，企業を発展・成長させることができる。

2　企業の形態

企業は，国・地方公共団体が出資し経営責任を負う**公企業**と，民間人が出資し経営責任を負う**私企業**に大別される。また，国・地方公共団体と民間人が出資し経営責任を負う公私合同企業もある。

私企業はさらに，図2-3に示すように分類される。❶

このほかに，保険事業特有の相互会社とNPO❷がある。NPOでは，得られた利益は出資者に分配せずに次の活動資金にしていくことが条件となっている。

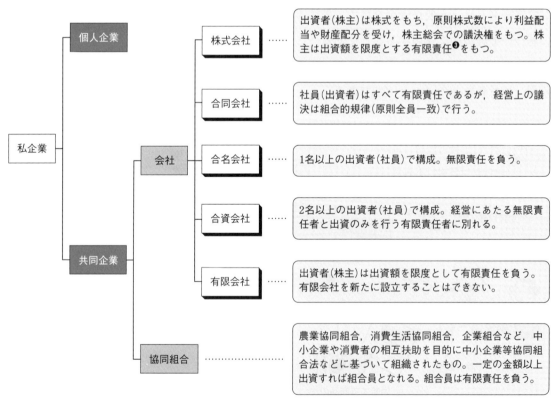

図2-3　企業の形態

Column 株式会社と株主

出資者は**株主**とよばれる。株主は，利益の配当を受けたり，株主総会にて議決したりする権利をもつ。その地位は**株式**を取得することによって与えられる。株式とは，株主の権利と義務のことで，これを示す株券が発行される。株主は，株式の引受価格内で有限責任をもち，株式の譲渡・取得は株式市場で原則として自由であり，企業は株式市場を通して大きな資本を集めることができる。経営には専門の知識と経験が必要とされることなどから，所有（株主）と経営が分離している場合が多い。株主の利益を代表して取締役会，監査役があり，経営の基本方針と業務執行を決定し，その実施を監査する。

問1 公私合同企業にどのようなものがあるか調べてみよ。
問2 NPOについて調べてみよ。
問3 合同会社と株式会社の違いについて調べてみよ。

2 管理組織

企業の規模が拡大し，その活動が複雑になっており，企業の役割を果たすためには，異なる機能をそれぞれ分担する人からなる管理組織が不可欠である。この節では，管理組織について学ぼう。

1 管理組織と業務

企業の管理組織は図2-4に示すように，経営者層，管理者層，監督者層❶および実務担当者（作業者）層から構成される。それぞれの層は，経営業務，管理業務，監督業務および実施業務を担当する。

❶工場で実務担当者（作業者）を直接指揮して仕事をさせる現場の第一線の監督者（foreman）。

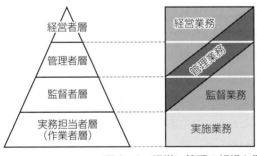

経営・管理の組織は，経営者層を頂点としてピラミッド形の階層組織となる。

図2-4 経営・管理の組織と業務内容

経営業務 基本方針と業務執行を決定し，その実施を監査することである。

全般経営者(社長)は，この基本方針のもとに実行計画の作成とその実施にあたる。部門経営者は，全般経営者から実施を任された部門を経営・管理する。

株式会社では，最高の意思決定機関である株主総会にて事業経営の基本方針が決定され，取締役会が経営業務を行う。

❶▶第3章 p.24 参照。

管理業務[❶] 実施計画を作成し，実施を命令し，その実施経過を確認し，必要に応じて処置することである。

監督業務 管理業務のうち実務担当者を直接指揮・監督することをいい，担当する層を監督者(職長)層という。

実施業務 監督者層から実務担当者層に割り当てられた業務を実施することである。

2　企業組織の原理

企業はその役割を果たすために，階層的な複数の業務を，階層的な複数の層の人々が担当して組織をつくり上げている。つまり，企業とは組織そのものである。そこで組織が存在するためには，**共通の目的，協働意識**[❷]および**コミュニケーション**が不可欠であり，これらを**組織の3要素**という。

❷持ち株制度(従業員の自社株の保有に対し，企業が補助金を支給するなどの便宜をはかる制度)などの導入により協働意識を高める努力もされている。

企業では，共通の目的を達成するために，相互に密接な関係を保ちつつ，各自がそれぞれの業務を合理的に遂行できるよう，一定の決まりに基づいた組織がつくられている。この決まりを**企業組織の原理**といい，そのおもなものは次のとおりである。

命令の統一 命令は，その系統がはっきりしていて，命令を出す最高権限をもつ者から最下位の者まで，一貫して正確に伝達されなければならない。同一の職務[❸]について1名の従業員に複数の命令者があってはならない。

❸職務とは担当する業務・仕事を，職位とは組織上の地位をさす。

分業と協業 組織編成にあたっては，同種または類似の仕事を集めて，これを一つの業務部門とし，さらにこの部門の中を細分化して，課・係として職務を分業化する。こうして編成された部・課・係は同種または類似職務群の縦の系列であるから，組織全体が有機的に運営されるために，部・課・係などを協業させるようにする。

権限と責任	担当する職務を明確にし，担当者に職務遂行に必要な権限を与えるとともに責任を負わす。上下だけでなく同等の職位者の間において，権限と責任を明確にすることは，職務を遂行するのに不可欠である。	
委 任	上位者の職務のうち，日常的に繰り返される職務は下位者に任せる。しかし，下位者の職務を調整するなどの支配関係に属する職務は委任できない。	
調 整	組織が合理的に職務を遂行するには，各従業員の職務を相互に調整し総合する必要がある。この調整を行う権限は各職位の直接の上位者にある。	
統制限界	1名の管理者が管理・監督できる部下の数は，専門的知識からくる制約，業務にさける時間的制約，管理者と部下の距離からくる制約などにより決まる。そこで，管理・監督する部下の数はこの限界以下にする必要がある。	

問 4 組織の3要素が，組織の存在に不可欠である理由を述べよ。

3　管理組織の分類

　企業における管理組織は，前項で述べた企業組織の原理に基づき，複数の業務を複数の層の人々が合理的に行えるよう，ピラミッド形の階層的な組織とすることが一般的である。企業規模が大きくなると階層が多くなり業務が非効率となるため，事業ごとに組織を分けた事業部制をとることもある。

　工場に目を向けると，工場の管理組織は，企業規模や事業内容により異なるが，基本的には**機能別組織**❶であり，**ライン組織**❷，および**ラインスタッフ組織**❸に大別できる（図2-5）。

　機能別組織は，業務別に専門の知識・経験（機能）をもつ職長を配置した，最も基本的な管理組織である。組織内の機能に重複がなく，機能別の専門化が進むことで経験の蓄積と技術の向上が期待できる。一方，工場では，新製品の試作など，ある期間に限定した業務が発生することがある。その場合は，複数の機能別組織から期限付きで人員を招集して業務にあたる**プロジェクトチーム**❹を立ち上げることがある。

　ライン組織では，作業者は直接の上位者（職長）の命令を受ける。しかし，上位者の職務範囲が広いため，必要となる知識・経験を有する

❶functional organization
❷line organization
❸line and staff organization

❹project team

人の確保がむずかしい。この欠点を除くために，品質管理，安全管理などの機能を分担するスタッフを配して管理者を補助するラインスタッフ組織が考えられた。

ラインスタッフ組織では，スタッフには，ラインの作業者に指揮・命令する権限はない。この組織は，工場の管理組織として考えられたが，現在では企業全体の管理組織の編成にも用いられている。

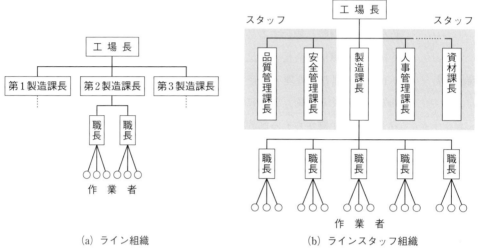

(a) ライン組織　　　　　(b) ラインスタッフ組織

図 2-5　工場の管理組織の例

3　管理業務

1　製造業の基本機能

企業は小規模な商業からはじまったといわれている。商業は商品を調達することとこれを販売するという二つの機能からなる。製造業の基本機能では，商業の機能のほかに，原材料を加工して製品をつくる機能が加わる。原材料とは，樹脂や鉄鋼の材料・部品および農業生産物や鉱物資源などである。

製品を生産するためには，「**人**(Man)」，「**物**(Material)」，「**機械**(Machine)」，「**方法**(Method)」，「**金**(Money)」の生産要素が必要である。ここでいう「人」は従業員，「物」は原材料やエネルギー，「機械」は生産設備，「方法」は生産方法，「金」は設備投資や運転資金を意味する（図 2-6）。

❶それぞれの頭文字をとって**生産の5M**という。

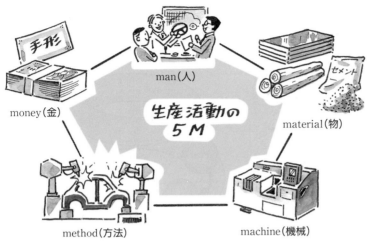

図 2-6　生産活動の 5M

　企業の役割を果たすために，製造業では品質，価格，数量など顧客の要求に応じた製品を顧客の納期に合わせて提供することが求められる。このためには，生産要素の調達を行い，生産および製品の提供の計画を確実に実行していくことがたいせつである。すなわち，営業，製造，会計，人事，環境❶，安全❶，研究・開発などの複数の業務が協働できることが必要になる。

❶環境と安全に考慮することは企業が存続するために不可欠な業務である。

問 5　生産の 5M とは何をさすのかを述べよ。

2　管理サイクル

　予測した数量の需要がなかったり，計画どおり原材料が入荷しなかったり，予期せぬ設備故障が発生したりなどと，計画どおりに物事は進まないことが多い。このような状況に対応して複数の業務をうまく協働させ，製品を提供するために工業管理業務が必要である。

　工業管理業務を計画どおりに進めるためには，**計画，実施，確認，処置**からなる**管理サイクル**が行われている。

計画(Plan)	過去の実績や将来の予測に基づいて計画を作成する。
実施(Do)	計画に基づいて実施業務を行う。
確認(Check)	実施状況と計画を比較・検討する。
処置(Act)	計画とのずれの原因を調べ，適切に対処をする。

　計画，実施，確認，処置の管理サイクルを，それぞれの頭文字をとり，**PDCA サイクル**という（図 2-7）。

3　管理業務　17

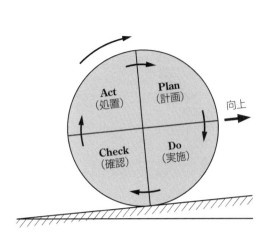 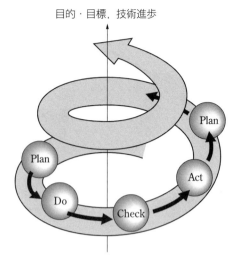

(a) PDCAサイクル　　　　　(b) PDCAサイクルのスパイラルアップ

図2-7　PDCAサイクル

❶spiral up

　このサイクルを繰り返すことにより，継続的な業務改善すなわち**スパイラル アップ**❶をはかることが可能となる。

　工業管理業務は，全社的に行われる**総合的(全社的)管理**と**部門別管理**に大別される。第3章では，製造部門を中心とした工業管理の全体像について，第4章以降では，個々の工業管理技術についてそれぞれ学ぶことにする。

章末問題

1. 公企業・私企業それぞれが提供する製品・サービスにはどのような違いがあるか調べ，例をあげて話し合ってみよ。
2. 企業の社会的責任にはどのようなことがあげられるか話し合ってみよ。
3. 企業の国際化について，例をあげて話し合ってみよ。
4. 企業の組織には，どのような種類があるか話し合ってみよ。

第3章

工業管理技術の概要

この章では、生産の流れの概略を、生産のしくみの事例を通して学習するとともに、各管理技術の概要について理解しよう。

工作機械の組立工場

1 製造業のしくみ

1 製造業の必要性

　製造業は、わが国では2013年において第二次産業の中で75％以上の生産額を上げ、主要な位置を占めている。このように、製造業における企業が競争力を高めるためには、新製品の開発、製品の品質向上をめざすだけでなく、製品の価格をいかに安く、適切な時期に顧客に提供するかが重要である。

　これまでわが国の製造業は、製品品質の高い信頼性、使いやすい製品への応用技術力、すぐれたデザイン性などにより、製造技術においては世界の最高水準を維持している。ところが、近年は、生産コスト低減のために機械による自動化を推し進めたり、人件費を抑えるために**労働コストの低い海外に生産の拠点を移す**❷企業が増えている。

　生産の海外移転や機械化が進むにつれ、わが国の特徴である製造技術の将来性に不安を感じるようになってきた。そこで、「ものづくり」の重要性を再認識し、技術・技能の継承の必要性や優秀な製造技術者・

❶▶第1章 p.5 側注❶参照。

❷国内では、高い人件費においても競争力のある高付加価値の商品に移ってきている。

1 製造業のしくみ　19

技能者を育成する機運が高まっている。今後もわが国が，世界の製造業において優位を保つためには，製品開発力に加えて，製造技術・工業管理技術が重要であることを十分に認識する必要がある。さらに，環境・安全などにも配慮した総合的な生産システムを考えることも重要になってきている。企業は製造した製品の安全性を確保するために，十分な検査を行って保証するとともに，製品の使用方法を含めて**顧客に対して製品の責任**❶を負っている。

❶製造物責任（PL）。▶第6章 p.98 参照。

2　生産のしくみ

ここでは，複写機（図3-1）を例にして，「物の流れ」を追いながら，生産のしくみについて学習しよう。

❷lease
　産業設備などの賃貸。比較的長期の契約をいう。
❸rental
　一般的に，短期間の賃貸をいう。

近年（2010年代）の事務用の複写機である。複写機の中には，たんに，文書（書類）の複写（コピー）を行うのみでなく，オフィスや工場のコンピュータ端末と接続して文書・図面などの出力印刷を行ったりFAX機能などを装備するなど，複合機能を内蔵した製品もある。
　おもに，リース❷やレンタル❸で使用されている。

図3-1　複写機

1. 物の流れ

「物の流れ」とは，実際に私たちが使用する製品が原材料から工場で加工され商品になり，顧客へ渡り，その後その製品が使用不要になったときに，どのように廃棄されるかまでの過程をいう。このことを，

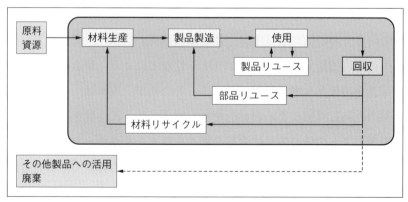

図3-2　循環型生産システムの概念

製品の**ライフサイクル**ともいい，環境保全の面から，製品の部品の**再使用**(リユース)や素材の**再生利用**(リサイクル)も重要視されている。

たとえば，図3-1の複写機については，図3-2に示すような流れの循環システムが構成されており，製品に使用する部品のほとんどが，再使用もしくは再生利用されている。

図3-3に，構成部品の再資源化の流れを示す。

❶life cycle
▶第8章 p.119～120 参照。
❷reuse, recycle
▶第8章 p.136～137 参照。

❸CRU：Customer Replaceable Unit の略。
　顧客が交換できる装置。おもに消耗品が多い。
❹ペレットとは，プラスチックなどの工業原料を加工しやすいように3～5 mm 程度の粒子状にしたもの。
　リペレットとは，リサイクルペレット，つまり使用ずみ商品のプラスチックを破砕加工してペレット化したもの。

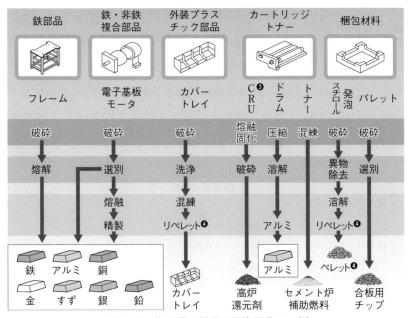

図3-3　複写機の部品の再資源化の一例

複写機の製造工程のように，部品を再生使用，再利用する工程が含まれる組立型生産方式における物の流れの概略を図3-4に示す。

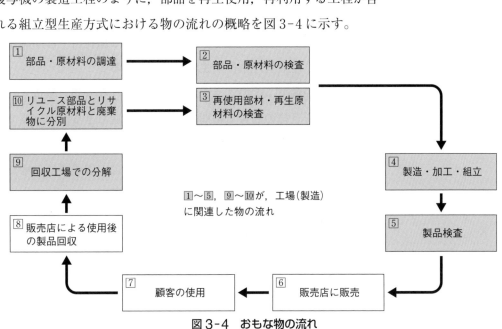

図3-4　おもな物の流れ

1　製造業のしくみ

2. 生産の流れ

「人」「物」「機械」「金」などを調達し，生産の「方法」を確立し，製品を市場に導入したとしても，製品が市場で顧客に受け入れられるとはかぎらない。

製品は，ただ，市場に提供すればよいのではなく，顧客がどのような製品を希望しているのか，またどのくらいの価格であれば購入するのか，どのような人々に購入してもらいたいのかなどの製品の**コンセプト❶**が必要である。また，顧客に製品を知らせるための宣伝活動も重要である。すなわち，製品を開発し，生産し，出荷するという生産活動を行うためには，需要予測のための情報，新製品のための情報などが必要となる。工場での生産活動と情報との関係を図3-5に，各情報の内容を表3-1に示す。

❶concept 概念・考え方。
　製品開発において，設計段階でどのような機能・要素を織り込むか目的をもって事前に検討しておくことがたいせつである。

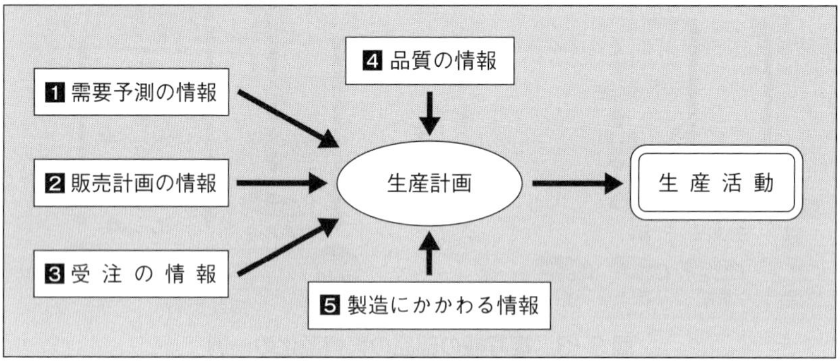

図3-5　生産活動と情報

各情報に基づいて事業計画部門では，販売計画（月度・年度）をつくることになる。生産部門では，この販売計画と原材料・部品調達の情報をもとに，生産管理部門が**生産計画❷**をつくる。

❷▶第4章で詳しく学ぶ。

所有する設備で，どのような製品をどのような手順で製造すれば，必要な製品を目標の品質で納期遅れがなく生産できるかが重要で，加えて生産コストを下げて生産できるかが課題である。

製造設備の製造能力以上の要求がある場合は，製造要員の増員や製造設備の増強が必要になることもある。

◀a▶　**生産活動に必要な情報**　企業は，製品を市場へ安定に供給するために，収集されたいろいろな情報をもとに生産計画を作成する。生産計画は適切な時期に修正を行うが，はじめの計画が不正確な情報に基づいて作成された場合は，修正の繰り返しになり，生産活動に大きな影響を与える。

表3-1 生産活動に必要な情報

情報	内容	実施部門
1 需要予測の情報	現在の製品出荷量と過去の出荷量から，今後の必要量を予測する。これは，工業統計などを利用して，製品の総必要量の予測が重要。 各製品の中で，売れる品種の予測。	営業，企画
2 販売計画の情報	市場の需要数量をもとに，現在の販売数量と自社の製品でどの製品をどの程度の市場占有率をめざすかの情報。製品が，いつ必要かの月度計画の情報。	営業
3 受注の情報	製品の数か月から1年程度の販売店などからの受注数量。	営業
4 品質の情報	顧客からの製品に関しての苦情やアンケートなどからわかる市場の評判などがある。 内容を吟味し，生産部門への改善・改良の提案を出す。	宣伝，営業
5 製造にかかわる情報	製品のコストダウンのための生産性向上や生産ラインの更新や新設の情報。 購入している原材料の価格や供給量の情報と品質や生産についての購入先からの情報。	生産，企画，購買

　近年は，製品の多様化と製品の市場での寿命が短くなるなど，企業にとっては，需要予測がむずかしくなっている。このような状況において，企業が最大効率を上げるためには，原材料・部材の調達と製品の供給の流れを，予測の変更に対して適切に対応させる管理が求められている。❶

◀**b**▶ 新製品のための情報　　研究開発部門から自社の技術を用いて開発した製品だけでなく，市場調査を行うことで顧客の情報❷から開発した製品❸がより重要となってきている。そのためには，顧客情報は重要であり，情報を収集するために次のような方法や資料・データを利用する。

① 製品に関するアンケート調査。
② 顧客からの製品に関する苦情の情報。各企業では，「お客様窓口」などが開設されていて，製品の改善に利用できる。
③ 製品の修理・回収の情報。たとえば，同じような箇所の修理が多発する場合は，その箇所の改善を進める。
④ 市場を調査し，製品の売れ行きや他社の製品の評判などを収集して，製品開発や改良の検討に利用する。
⑤ 営業活動の情報。直接顧客と会うので，顧客が必要とする製品や機能を知ることができる。

❶このような管理をSCM（サプライ チェーン マネジメント；Supply Chain Management）とよんでいる。▶第4章 p.45で学ぶ。

❷シーズ（seeds）
　種という意味。企業が顧客に新しく提供する新技術やサービスをいう。

❸ニーズ（needs）
　顧客の要求，必要という意味。顧客が望んでいる製品やサービスをいう。

1 製造業のしくみ

これらをもとに，開発・研究部門で新規の製品化の研究を行う。製品そのものの研究だけでなく，使用する原材料・部品や製造設備の検討を行い，生産コストの試算なども行う。また，需要予測による生産計画より，設備投資が必要になることもあるので，高度な判断が必要になる。

問1 例示した複写機以外の身近な製品で，物の流れを書いてみよ。

問2 新しい製品を開発するときには，どのようなことを考えたらよいかまとめてみよ。

2　工業管理のしくみ

1　工業管理の役割

　前節で述べたように，所有する設備で，必要な製品を目標の品質で納期遅れがなく，安全や環境を考慮して，かつ生産コストを下げて生産できるかが生産活動の課題である。これら課題を解決するために必要となるのが**工業管理**である。工業管理には，**生産管理・工程管理，品質管理，安全衛生管理，環境管理，人事管理，企業会計（原価管理）**などの業務がある。

❶人事管理，企業会計（原価管理）は，すべての企業において共通的に必要な管理業務である。

　複写機の生産に関連した「物の流れ」に基づいた工業管理業務の全体の流れを前見返しに示す。表3-2に，各工業管理業務の基本的な役割を示す。これらの工業管理業務を通して，生産活動の課題の解決をはかっている。

表3-2　各工業管理業務の基本的な役割

工業管理業務	各管理業務の基本的な目的・課題
生産管理・工程管理	生産目標（納期，製品品質，価格など）の達成
品質管理	設計品質の維持，顧客が安全に使用できる製品の品質保証
安全衛生管理	従業員の安全と健康の確保
環境管理	環境目標の策定と達成
人事管理	人材の採用・教育・活用
企業会計	「金」（資金）の調達と運用

2　工業管理とは

　管理業務を行うには，第2章の図2-7で述べたように，**管理サイクル（PDCAサイクル）**❶が必要となる。各工業管理業務も役割を達成するためには，原則的にすべてこのPDCAサイクルで運用する必要がある。各工業管理業務の概要を次に述べる。

　また，本書の後見返しに各工業管理のPDCAサイクルを示す。

◀a▶　生産管理・工程管理❷　生産目標（納期，製品品質，価格など）を達成するために，生産計画（原材料の購入計画，製造計画・在庫計画など）を作成し，これに基づき生産目標が達成できるように「人」「物」「機械」「方法」「金」を管理する業務である。

　生産管理は，製品を製造するための生産計画と，「人」「物」「機械」「方法」「金」を効率的に利用するための工程管理に大別される。

◀b▶　品質管理❸　計画された品質の原材料・部品を，計画された性能の設備や治工具❹で，計画された工程順序に従い生産するときに，設計品質を満たした製品を製造するための管理業務である。

　設計品質を満たさない製品（不適合品）を生産・供給しないためには，最終製品の品質検査だけでなく，原材料・部品の受け入れ検査，中間製品の検査が必要となる❺。原材料・部品や中間製品の検査などを通して，不適合発生の原因を追及し，これを解決することにより，安定した品質の製品の供給をはかる。

◀c▶　安全衛生管理❻　生産活動（生産設備や作業）がもたらす安全と健康に対する危険から，従業員の安全（労働災害の防止）と健康（作業環境の維持）を守る管理業務である。

　労働災害の防止と作業環境の維持がなされていることの確認と，生産活動がもたらす危険の原因を究明し，これらの予防・改善・保全対策を作成・実施し，従業員の安全と健康とともに生産設備の安全確保をはかる。従業員の安全と健康の確保は，企業にとり不可欠である。

◀d▶　環境管理❼　製品や梱包材などの廃棄による環境への影響，および生産活動（使用する薬品を含む）で発生する環境への影響などを考えて，環境目標の作成と達成を目的とした管理業務である。

　環境目標が達成されていることの確認と，製品の廃棄や生産活動がもたらす環境汚染の原因を究明し，削減対策を作成・実施し，環境保

---

❶業務を推進・管理するうえで行う基本的な進め方。
　P(Plan)は計画，D(Do)は実施・実行，C(Check)は確認・点検，A(Act)は処置・改善を意味する。
▶第2章参照。

❷▶第4，5章で学ぶ。

❸▶第6章で学ぶ。

❹▶第4章 p.32参照。

❺▶第6章 p.94参照。

❻▶第7章で学ぶ。

❼▶第8章で学ぶ。

全をはかる。環境保全につとめることは，企業にとり不可欠である。

❶ ▶ 第9章で学ぶ。

◀ e ▶ **人事管理**❶　企業に必要な人材を募集・採用し，その人の適性を判断し，教育・訓練を行い，適切な職場に配属して育成する。また，その労働の成果に対して給料を支払い，適切な評価により，昇給・昇進させる。その結果，重要な職務にも対応できるようになる。これら一連の業務を通して，人材を有効に活用することを目的とした管理である。

❷ ▶ 第10章で学ぶ。

◀ f ▶ **企業会計**❷　生産活動に必要な「金」(資金)を調達し，この資金を効率的に運用する業務であると同時に，企業経営の安全性を世間に問う業務である。資金の調達計画を立て，この調達資金を用いて生産活動をはじめとした販売活動や広報活動などの企業活動を行う。企業活動を通して，利益を出したか，損失を出したかなどの資金運用の結果を確認するとともに，この結果を財務諸表として公表する。

▌Column　品質管理の流れ(QCDとPSME)

QCD：近年では，狭義の品質から総合的な広義の品質が要求されている。すなわち，品質(Quality)のほかに，コスト(Cost：原価または費用)，供給量と納期(Delivery)を加えたQCDが要求されている。このように，「顧客の要求に合った品質の製品を経済的につくり出すための業務」全般を品質管理とよぶ。

PSME：ものづくりの職場において，品質をつくりこむために重要な項目である。すでに述べてきたように，生産性(P：Productivity)を維持するためには，重要な働く人々の安全(S：Safety)と心の健康の維持(M：Morale[士気]，Moral[倫理])が必要であり，さらに社会に対しては，環境保全・対策(E：Environment)が必須になっている。この4項目をPSMEとよんでいる。

QCD＋PSME：総合的な広義の品質の製品をつくり出すための管理は，QCDとPSMEを組み合わせた項目を設定して行うことが一般的になっている。

問 3　企業において，安全衛生管理や環境管理が重要なのはなぜか考えてみよ。

問 4　これまでの経験に基づいて，PDCAサイクルの意義について話し合ってみよ。

章末問題

1. 企業としての管理業務にはどのようなものがあるかあげよ。また，その業務について簡単に説明せよ。

2. 前見返しに示した複写機の工業管理全体の流れの図をもとに，各工程を各管理業務に分けてみよ。

第4章

生産管理

生産管理は，工業経営の根幹となる管理である。その管理サイクルや，生産管理の役割，生産形態，生産計画，工程管理，物流などの目的や内容について理解しよう。

自動車の組立ライン

1 生産管理の役割と意義

生産管理❶は**生産計画**❷と**工程管理**❸に分けられる。これらは PDCA **サイクル**によって管理され，その管理対象は生産の5要素，すなわち「人」「物」「機械」「方法」「金」が生産活動の5Mである。ここでの「物」の流れは，開発にはじまり原材料・部品調達，生産，物流を経て販売され，そして顧客に届くことになる。この節ではそのしくみについて学ぼう。

1 生産計画と工程管理

生産計画とは，各製品の販売計画，在庫計画に基づき，「何を，いくつ，いつ，どこで，どのような生産方法で，いくらでつくるか」を計画することである。

工程管理とは，生産計画どおりの生産を達成するための諸活動をいう。「生産が計画どおり進行しているかどうか」，「どの程度まで進んでいるのか」，「どれだけ製品ができたか」をチェックし，計画と実績の差を解消するために，処置を行うことである。

生産管理の体系を表すと，図4-1のようになる。

❶production management
　製品・サービスの生産に関する管理活動をいう。
❷production planning
　生産量と生産時期に関する計画をいう。
❸production control
　生産現場が生産計画どおりに生産を実施するように生産活動の進捗を管理する活動をいう。

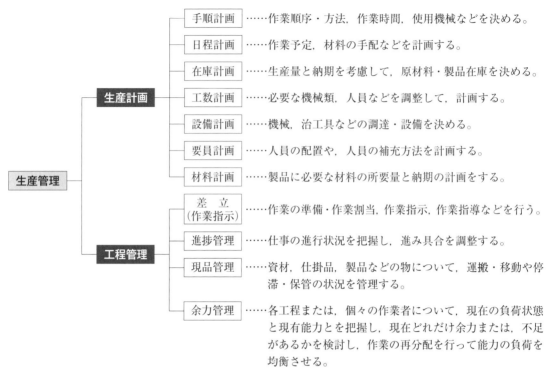

図4-1 生産管理の体系

2 管理の基本

❶Quality(品質), Cost(原価), Delivery(納期)の頭文字をつないだもの。

　生産管理の目的は**需要の3要素(QCD)**❶を満足させるために，**生産活動の5要素(5M)**を合理的に運用することである。

　これを管理のPDCAサイクルと関連づけて定義すれば，図4-2のようになる。

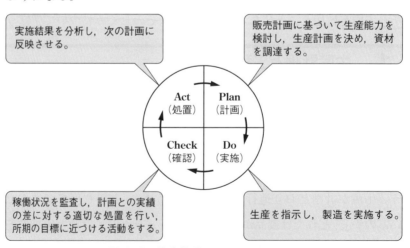

図4-2 生産管理のPDCAサイクル

2 生産形態

生産形態とは，与えられた市場，経営，技術などの環境条件のもとで，生産を行う形態をいい，受注の形態，生産量や品種，製品の流し方(**生産方式**)の違いによって方法が変わってくる(図4-3)。

❶type of manufacturing

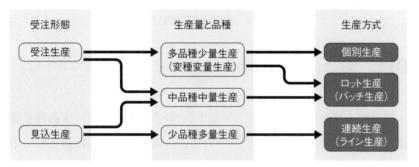

図4-3 生産形態

図4-3に示した生産形態について，それぞれの生産の内容，機能，特徴などについて，これから学ぶことにする。

1 受注生産と見込生産

受注と生産の順序的関係をみると，受注してから生産する場合と，生産してから受注する場合とがある。

受注生産は，顧客からの注文に基づいて製品品目の生産を行うものである。これに対して**見込生産**は，受注前にあらかじめ製造し，在庫として蓄えておき，注文に応じて出荷するものである。

受注生産と見込生産との違いはおもに，生産される製品の性質によるところが大きい。

たとえば受注生産は，造船・電話交換機・専用工作機械などのように特定の顧客のみに納入する場合の形態である。一方，見込生産は，衣料・靴・化粧品などの消耗品や家電製品・自動車などの耐久消費財のように顧客が不特定多数の場合が多い(図4-4)。

❷make to order
　顧客が定めた仕様の製品を生産者が生産する形態をいう。
❸make to stock
　生産者が市場の需要をみこして企画・設計した製品を生産し，不特定な顧客を対象として市場に出荷する形態をいう。

(a) 受注生産の例　　　(b) 見込生産の例

図4-4　受注生産と見込生産

問1 受注生産と見込生産の違いを述べ，その例を二つずつあげよ。

製品別の生産量（生産数量，所要工数）の多少によって，**少品種多量生産**❶と**多品種少量生産**❸とに大別されるが，両者の中間的段階として中品種中量生産の生産方式がある。しかし，何品種から多品種か，何個から多量かといった区分は製品の生産特性によって異なるため，一般的な定量的基準は決められない。

　少品種多量生産　　　少品種を多量に生産する方式である。連続的に生産を行うことができるため，管理作業の工数は少ないが，製品在庫に注意する必要がある。

　多品種少量生産　　　多くの品種を少しずつ生産する方式である。生産機種切替の作業が多くなるため，生産能率の低下が起こりやすい。また，管理作業の工数が増える。

2　個別生産と連続生産

同じ製品が連続して流れているか否かによって，**個別生産**❹と**連続生産**❺に大別される。また両者の中間的段階として，**ロット生産**❻がある（図4-5）。この三つの生産方式が基本のタイプである。

　個別生産　　　受注生産に多くみられ，受注のたびに個別に生産し，繰り返し性が小さい。

　ロット生産　　　同一製品を適正な数量に集めたものを**ロット**といい，このロットごとに生産する方式。個別生産と連続生産の中間的な段階であり，月々同じ程度

❶必要な機械類と人員。
❷small-items large-sized production
　少ない種類の製品を大量に生産する形態をいう。
❸multi-item small-sized production
　多くの種類の製品を少量ずつ生産する形態をいう。

❹job order production
❺continuous production
❻lot production
　バッチ生産ともいう。

の製品を繰り返し生産する。

連続生産　　多量生産で長時間にわたり継続する。

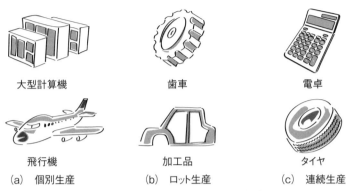

(a) 個別生産　　(b) ロット生産　　(c) 連続生産

図4-5　個別生産，ロット生産，連続生産

Column　生産管理の歴史

18世紀末，人間が行う作業を専門の設備で行う工場が出現した。20世紀初頭には，米国のフォード社によって，工程をベルトでつなぐ**流れ生産方式**が実現し，組織的な大量生産の時代となり，工場における生産はシステム化され，生産計画を管理する生産管理が必要となった。20世紀なかばには，産業の成熟化にともなって，消費者の需要の多様化が進み，従来の大量生産方式から多品種少量の生産方式をどう行っていくかが課題となった。

その後，情報技術(**IT**)❶の急速な発展により，コンピュータによる生産管理システムが開発され，**FA**❷などの工場自動化システムと合わせた**統合生産システム**❸が開発された。一方，自動化もみなおされ，人の柔軟性を生かした人中心の**セル生産方式**❹も出現した。

❶Information Technology の略。
❷Factory Automation の略。ファクトリーオートメーション。工場の自動化のこと。
❸▶本章 p.45「CIM」参照。
❹cell production system，製造における生産方式の一つで，1人または少人数で製品の組み立て工程を完成または検査まで行う方式。▶第5章 p.58参照。

3 生産計画

ここでは，生産計画の内容について，計画の進め方に沿って，手順計画，日程計画，在庫計画，工数計画，材料計画について学ぼう。

1 生産計画の機能

生産計画の進め方としては，まず，**手順計画**❶によって加工の順序や方法，作業時間，使用機械などを決める。

そして，**日程計画**❷によって，個々の製品や作業者の作業予定を立てたり，材料手配の時期を計画する。次に，**工数計画**❸によって必要な人員および機械台数を算定し，現有の人員および機械の能力と比較して，両者を調整する。さらに，**要員計画**によって人員の配置や補充方法を計画し，**設備計画**によって機械や**治工具**❹の調達ならびに整備方法を計画する。日程計画と並行して**材料計画**および在庫計画によって製品に必要な材料の所要量と納期の計画を立てる。

2 手順計画

手順計画とは，製品や部品の設計図および設計仕様書に基づき，部品加工や組立における QCD（品質・原価・納期）が適切になるように**工程設計**❺・**工程計画**❻を行うことである。

次に，最適な**作業設計・作業計画**を立案する。

1. 工程設計・工程計画

設計図・設計仕様を検討して，部品加工や組立に必要となる材料・部品の一覧表を製品別に作成する。そして，設計図・設計仕様や材料・部品表から製品分析を行い，加工や組立をするために**工程表**を作成する。工程表の作成の段階で，工程順序，必要な材料・部品，使用機械や治工具，標準ロット数，作業時間などを決定する。

2. 作業設計・作業計画

作業設計・作業計画の段階では，加工・組立の作業だけでなく，検査，運搬，停滞などの工程も含めて，それらのための**作業標準書**❼を作成する（図4-6）。

---

❶routing
　製品を生産するにあたり，その製品の設計情報から必要作業，工程順序，作業順序，作業条件を決める活動をいう。
❷scheduling
　工場における製品や部品の生産量と生産時期を定めた計画をいう。
❸man-hour planning
　日程計画によって決められた製品別の納期と生産量に対して，仕事量を具体的に決定し，それを現有の人や機械の能力と対照して両者の調整をはかっていくことである。
▶本章 p.42 参照。
❹tool
　加工作業などに用いる器具。
❺process design
　設計図を生産工程に変換する設計のこと。
❻process planning
　製品設計が完成したあと，技術的，方法的および空間的に製品をどのように加工するかの過程を計画すること。
❼operation standard chart
　製品または部品の各製造工程を対象に，作業条件，作業方法，管理方法，使用材料，使用設備，作業要領などに関する基準を規定したもの。

図番	A-10	製品名	内面研削盤	部品名	シャフト	材質	S40C	素材寸法	150×169	一台個数	1
工程番号	作業内容	使用機械	作業人数	標準時間(時間)	治工具	略図					
1	切削	旋盤	1	0.7							
2	穴あけ	マシニングセンタ	1	0.7	GC-JIG						
6	研削	円筒研削盤	1	0.9							

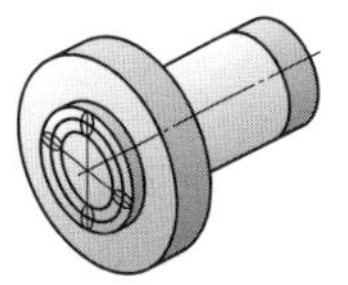

図4-6 作業標準書の例

3 日程計画

日程計画は,表4-1に示したように**大日程計画・中日程計画・小日程計画**に区分される。

表4-1 日程計画の類型

	計画期間	日程の計画単位	対象となる製造工程	計画対象	目的	内容
大日程計画	6か月~1年	週~月	製品グループ別	全工場	人員・設備などの手配	要員計画 設備計画 材料計画
中日程計画	1~3か月	日~旬	仕様別大分類	部門(工程)	生産品種・量の確定	能力計画 余力管理
小日程計画	1~10日	時間~日	仕様別細分類	各設備(作業者)	量の確保追加変更	作業指示 進捗管理

1. 大日程計画

大日程計画❶は,事業部や工場別に6か月~1年を期間として立案される。日程計画単位は,週~月である。

この計画の目的は,計画時点で対策が可能な販売計画との調整,売上目標達成の準備,適正操業度維持,適正な購入手配,人員・設備手配などがあげられる。

計画の内容としては,モデルチェンジ計画,設備計画,要員計画,材料計画,外注計画,工場別計画などがある。

2. 中日程計画

中日程計画❷は部門別に1~3か月を期間として立案される。

❶master scheduling
長期にわたり月別に生産する製品とその数量の計画をいう。

❷production scheduling
月別,職場別に生産する製品とその数量の計画をいう。

日程の計画単位は日〜旬である。1〜3か月前に計画するため，中位の重要度の問題が取り上げられる。

この計画の目的は，生産品種・量の確保，仕事量の確保，設備人員の確保，資材の確保，外注の確保，仕事量減少の確認などである。

3. 小日程計画

小日程計画❶は機械別あるいは作業者（作業・グループ）別に，製品別あるいはロット別の作業割り当てまで決めた計画である。

計画期間は1〜10日程度で一般に3日または4日ぐらい先までを確定的な日程としている。また，日程の計画単位は時間〜日である。

小日程計画の立案は各職場の生産管理スタッフが行うが，特定の機械や作業者に個別に割り当てるので，現場の進捗状況を把握している職長に最終的な調整と決定は任されていることが多い。

生産現場では，複数の機械，作業者が複数の種類の品物を並行して製造するので，どの時間帯に，だれが，何を，どのようにという具体的な計画が必要となる。その計画の手法として**ガントチャート**❷がある。ガントチャートには，設備・人別と製品別の二とおりがある。

❶ work scheduling
　日別，時間別，部品別，工程別，設備別に行う作業の内容と時間の計画。
▶本章 p.48, 49参照。

❷ Gantt chart
　日程計画や日程管理などのために用いられる図表の一つ。横軸を時間軸とし，縦軸に機械，作業者，工程，仕事を割り当て，作業の開始から終了までを，長方形や矢印で示したもの。
▶本章 p.49参照。

Column　ガント

科学的管理法の創始者であるテイラーの門弟の一人であったガント（Henry. L. Gantt 1861 – 1919，米国）は割り当てた仕事の納期を守るために，仕事の予定と実績とを比較する簡明な方法として，一覧表で表すガントチャートを考案し，生産計画の日程管理を行う手法へと発展させた。

例題 1　表4-2のような工程表がある。いま，Aを1個，Bを1個のA，Bの順で製造指示が出たとする。加工時間は工程表の作業時間を用いる。ガントチャートを用いて機械別計画と製品別計画の小日程計画をつくりなさい。

表4-2　工程表

順序	機械＼製品	作業時間（単位：時間）	
		A	B
1	Ⅰ	1.0	2.0
2	Ⅱ	1.5	1.0
3	Ⅲ	0.5	1.0

解答

機械別計画

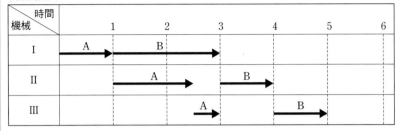

図4-7　ガントチャートによる機械別計画

製品別計画

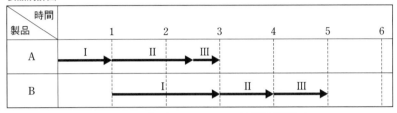

図4-8　ガントチャートによる製品別計画

問2 大日程計画，中日程計画，小日程計画の違いと役割を述べよ。

4．パート

多くの工程がからみあった生産工程の場合は**パート**❶の手法が有効である。パートとは，工程の全体像を表すために矢印（アロー）の記号を用いて図（パート図）に表したものである（図4-9）。パートによる日程計画の作成は，次のような手順で作成する。

❶PERT（Program Evaluaion and Review Technique）

順序関係が存在する複数のアクティビティ（工程活動）で構成されるプロジェクトを能率よく実行するためのスケジューリング手法。1950年代に米国で生まれ，1960年代にNASAで使用された。

上側
46－10－15－10－6＝5
下側
46－5－5－6－10－5－3＝12
最小値を最遅日程とするので5日。
◀c▶参照。

上側ルート
5＋6＋10＋15＋10＝46
下側ルート
5＋3＋5＋10＋6＋5＋5＝39
最大の日程を最早日程とするので46日。
◀b▶参照。

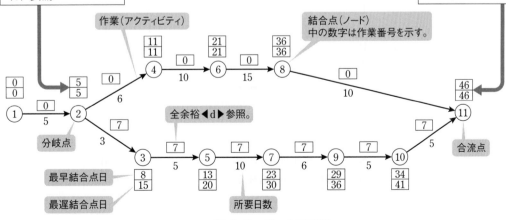

図4-9　パート図の例

❶arrow diagram
プロジェクトを構成している各作業を矢印で表し，作業間の先行関係に従って結合し，プロジェクトの開始と完了を表すノードを追加したネットワーク図である。
新QC七つ道具の一つにも取り上げられている。

❷node

❸critical path
プロジェクトの所要日数を決定する作業の列をいう。

◀a▶ **工程をアローダイアグラム❶で表す** 工程の流れに従って，**作業**（アクティビティともいう）を**矢印**(arrow)で表す。作業の着手時点と完了時点には○印を付し，それを**結合点**（または**ノード❷**）とよぶ。矢印の下には，その作業の所要日数を記入する。

◀b▶ **最早結合点日程を記入する** 作業の流れの順に所要日数を加算して結合点に累積値を記入する。この結合点が合流点である場合は，各流れの中で最大の日程を**最早日程**とする。

◀c▶ **最遅結合点日程を記入する** 最終工程後の最尾結合点から，流れとは逆に各工程の所要日数を引いていく。分岐点では，各流れの中で最小値を分岐点の**最遅日程**とする。

◀d▶ **各工程の全余裕を算出する。**

全余裕＝(後結合点の最遅結合点日)－(前結合点の最早結合点日＋所要日数)

全余裕がゼロになる作業を**クリティカルパス❸**といい，これらの工程作業は最終納期に影響する工程であり，進捗をつねに監視して事前対策に心がける。

例題 2 電子装置Zのプリント配線板を設計し，試作品を製造するパート図を表4-3の製造リストをもとに作成せよ。

表4-3 電子装置Z試作品製造リスト

記号	作業名・作業内容	要素時間(h)	先行作業
A	検討	5	
B	プリント基板設計	10	A
C	材料・部品発注リスト作成	5	A
D	材料・部品納入待ち	25	B, C
E	製造ユニットZ1　部品マウント	6	D
F	ユニットZ1　調整修正	5	E
G	ユニットZ1　単品検査	1	F
H	ユニットZ1　部品マウント	3	D
I	スイッチ取付	2	H, L
J	操作パネル組立	1	I, N
K	操作パネル　単品検査	1	J
L	スイッチ組立	2	D
M	操作パネル加工	15	D
N	操作パネル印刷	2	M
O	最終組立・総合検査	3	G, K

解答

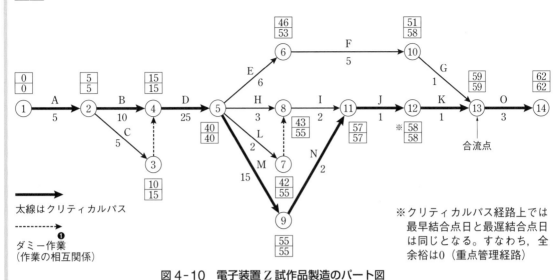

太線はクリティカルパス

-------- ダミー作業❶
（作業の相互関係）

※クリティカルパス経路上では最早結合点日と最遅結合点日は同じとなる。すなわち、全余裕は0（重点管理経路）

図4-10 電子装置Z試作品製造のパート図

4 在庫計画

1. 生産期間と在庫

在庫❷とは，将来の使用，需要に備えて意図的に保有する原材料，仕掛品，半製品および製品のことをいう。

生産量と**納期**❸は，製品在庫を介してたがいに関連している。生産量と納期に関する意思決定は同時に管理される必要がある。

横軸に時間経過，縦軸に製品の**累積生産量・累積納入量**の二つをとり，累積量の経時変化をみるグラフを**流動数曲線**という（図4-11）。

このグラフから生産量と納期の関係をみることができる。

すなわち，累積生産量と累積納入量の垂直方向の差が**製品在庫量**となり，水平方向の差が**在庫期間**である。

❶パートはネットワークを用いた日程計画手法のため，工程に対応するアローに対して始点と終点を決める必要がある。

しかし，（図4-10の工程D）のように必要とする作業が二つある場合，二つ作業をする工程（工程B，C）の時間が必ずしも同じになることはない。このような場合，パートでは二つの工程のうち，短い工程（工程C）のあとに便宜的にダミー工程があるものとして計画する。

❷inventory
❸due time, delivery

見込生産では，製品を完成すべき要求日であるが，受注生産では，顧客に製品を納めるべく顧客と約束した日である。

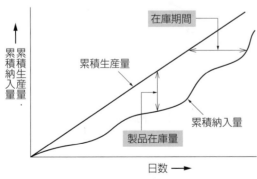

図4-11 流動数曲線

例題 3 表4-4の生産納入量推移をもとに流動数曲線を作成せよ.

表4-4 生産納入量の推移 [単位：個]

稼働日	累積生産量	累積納入量	在庫量	生産量	納入量
1	15	0	15	15	0
2	25	10	15	10	10
3	38	21	17	13	11
4	44	33	11	6	12
5	58	40	18	14	7
6	71	49	22	13	9
7	82	59	23	11	10
8	90	70	20	8	11
9	100	81	19	10	11
10	118	92	26	18	11
11	130	100	30	12	8
12	141	111	30	11	11
13	150	119	31	9	8
14	161	132	29	11	13
15	170	145	25	9	13
16	185	159	26	15	14
17	197	172	25	12	13
18	203	181	22	6	9
19	214	190	24	11	9
20	220	200	20	6	10

解答 表4-4から流動数曲線を作成すると，図4-12のようになる．

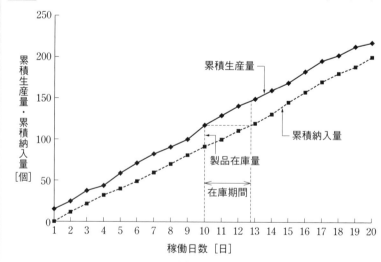

図4-12 例題3の流動数曲線

2. ABC分析

在庫管理❶では,すべての在庫品目を一律に扱うだけではなく,管理効果を上げるために,ランクづけして扱い,在庫品目を分類する方法としてABC分析❷が用いられる。

ABC分析は,多くの在庫品目を取り扱うとき,品目を取扱金額または量の多い順に並べ,A,B,Cの3種類に区分し,在庫管理の重点を決めるのに用いる分析方法である。

たとえば,図4-13のように,横軸に発注金額の高い順に品目を並べ,縦軸に一定の期間中の品目ごとの発注金額の割合を記入し,それと同時に発注金額の累積線を描く。

次に,この図に基づいて,在庫品目をA,B,Cの3グループに経験的に分類する。

A品目は累計金額の割合が70～80％を占めるようにすると,大体20％程度の品目を重点的に在庫管理すればよいことになる。

C品目の累計金額割合を90％以降にすると,B品目は累計金額割合の80～90％のところに位置する品目となる。

❶inventory control
必要な資材を必要な時に必要な場所へ供給できるように,各種品目の在庫を好ましい水準に維持するための諸活動をいう。
❷ABC analysis

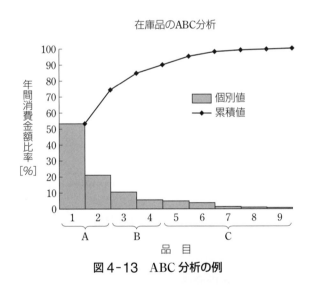

図4-13 ABC分析の例

この分析によって分類されたA品目は,在庫不足や在庫過剰にならないよう正確に納入量を予測し,適切な発注管理を行っていかなければならない。価格の高い品目などがA品目に属することになる。

一方,C品目には単価の安いものや共通品・標準品が属することになるので,多少在庫が多くなっても,管理工数がかからない管理をす

ることになる。

B品目はこれらの中間であり，品目の特性を考慮して適切な管理方法を採用する。

例題 4　表4-5の在庫データをもとに比率を計算し，大きい順に資材名を並びかえ，累計比率を求めて，ABC分析をせよ。

表4-5　在庫データ

資材名	単価	数量	金額	比率	資材名	累積比率
	円	個	千円	%		%
a	480	583	280	%		%
b	1 700	900	1 530	%		%
c	340	529	180	%		%
d	120	250	30	%		%
e	5 890	1 175	6 921	%		%
f	980	969	950	%		%
g	1 200	408	490	%		%
h	3 250	1 210	3 933	%		%
i	610	426	260	%		%
j	75	1 467	110	%		%

解答　表4-5のデータから，ABC分析をすると，図4-14のようになる。

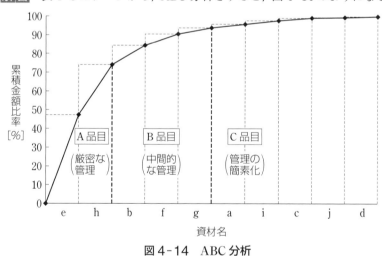

図4-14　ABC分析

問3　ABC分析のA, B, C品目の管理方法を述べよ。

3. 定量発注方式と定期発注方式

定量発注方式❶とは，材料・部品があらかじめ設定した在庫量（発注点）に達したときに材料・部品を一定量の発注をする在庫管理方式をいう（図4-15）。この方式は，発注量は一定であるが，発注時期がそのつど変わる。そのため，複数品目を扱う場合には発注時期が品目により異なるので，定期的に在庫量の推移調査をしなければならない。

❶fixed-size ordering system

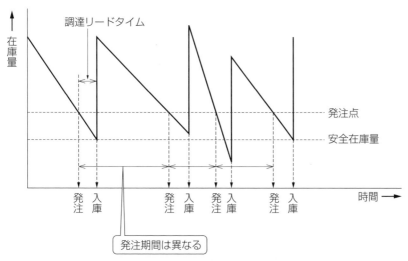

図4-15 定量発注方式

定期発注方式❶とは，発注時期をあらかじめ決めておき，この発注時期になると発注し，一定の**調達リードタイム**を経過して納入される方式をいう。ある発注時期と次の発注時期との間隔を**発注間隔**といい，この発注間隔は一定である（図4-16）。

❶periodic ordering system

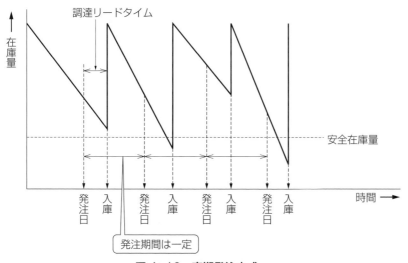

図4-16 定期発注方式

問4 在庫管理において，定量発注方式と定期発注方式の違いを述べよ。

5　工数計画

工数とは，仕事量の全体を表す尺度で，仕事を一人の作業者で遂行するのに要する時間である。

日程計画や資材所要量が適切に策定・実行されたとしても，各工程にかかる**負荷**❷（仕事量）に対して十分な**能力**❸（生産能力）が備わっていな

❷work load
　人または機械・設備に課せられる仕事量をいう。

❸capacity
　製品またはサービスを産出する資源の可能性をいう。

❶本章 p.49 参照。

❷man-hour planning

ければ，計画どおりの期日に納入できない。能力と負荷の差は**余力**❶といわれる。

工数計画❷は，一定期間内に生産する製品の納期と生産量から負荷を決め，人員や機械の能力を考慮して余力が最も小さくなるように負荷と能力を調整することである。したがって，工数計画は納期達成とコストの削減を達成するために重要である。能力・負荷・余力を機械と作業者それぞれについて計算し，これに基づき工数計画を立てる。

例題 5 表4-6に示した製品別負荷時間表に基づき，工程別の工数を計算せよ。

表4-6 製品別負荷時間表

製品	工程	生産量(A)	標準工数(B)	負荷(A×B)
部品A	切断	1000個	0.02h／個	20h
	曲げ		0.04h／個	40h
	穴あけ		0.03h／個	30h
部品B	切断	3000個	0.02h／個	60h
	曲げ		0.03h／個	90h
	穴あけ		0.02h／個	60h
部品C	切断	2000個	0.03h／個	60h
	曲げ		0.01h／個	20h
	穴あけ		0.04h／個	80h

標準工数とは製品1個あたりの加工に必要な時間

解答 工程別に負荷(工数)をまとめると，次の表のようになる。たとえば，各工程の能力を170hとしたときの余力を表示すると，図4-17のようになる(このグラフを**工数山積表**という)。

工程	部品	工数
切断	A	20h
	B	60h
	C	60h
	計	140h
曲げ	A	40h
	B	90h
	C	20h
	計	150h
穴あけ	A	30h
	B	60h
	C	80h
	計	170h

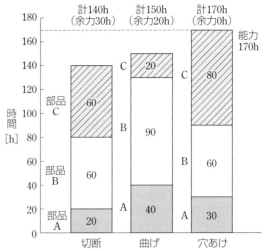

図4-17 工数山積表

問 5 工数計画はどのような目的で行われるか。

6　材料計画

材料計画とは，生産計画の決定に従って製品に必要な部品・資材・種類・数量・日程・価格を計画することである。

材料は，加工度，部品形態，使用目的，部品機能，入手方法，保管方法などに分類される。

材料計画の条件として，良い品質の材料の確保，安い価格の材料の達成，必要な時期に必要な数量を確保，安全で適切に保管，在庫量をできるだけ最小にするなどがあげられる。

7　かんばん方式とMRP

代表的な生産管理の手法に，**かんばん方式**❶や**MRP**❷がある。

1．かんばん方式

かんばん方式は，**トヨタ生産方式**❸ともいわれる**ジャストインタイム**❹生産方式の一部分としてのシステムである。

ジャストインタイムとは，すべての工程が後工程の要求に合わせて，必要なものを必要なだけ生産する方式をいう。これにより，工程間の在庫を減らし，製造原価の低減が可能になる。

かんばんの機能は必ず現物といっしょに移動することである。かんばんには，品番と品名，製造ライン，**荷姿**❺と部品収容数，発行枚数，前工程の置き場の番地が記載され，部品や収納パレットにつけられている。

かんばんを効果的に機能させるためには，部品の量と種類の**平準化**❻が前提条件となる。かんばんは大別すると，**引取りかんばん**❼と**生産指示かんばん**❽の2種類が用いられる。

図4-18に，かんばんが前工程での作業指示情報となる過程を示す。

最近は，遠隔地の工場とのやりとりにおいては，後工程引取りというかんばんの原則を遵守し，かんばんの情報電送化方式が適用されている。

---

❶KANBAN system
　後工程引取り方式を実現するために"かんばん"とよばれる作業指示票を用いて生産指示・運搬指示をするしくみ（トヨタ生産システム）。

❷▶p.44で詳しく説明。

❸Toyota production system
　トヨタ自動車で開発された生産管理方式の総称をいう。

❹just in time，略して，JITともよばれる。

❺type and shape of load
　輸送される貨物の形状をいう。

❻smoothing
　作業負荷および前工程から引き取る部品の種類と量を平均化させること。

❼withdrawal KANBAN
　自社内で後工程が前工程から引き取るべき部品の種類と量を記載した作業指示票をいう。

❽production-ordering KANBAN
　後工程が引き取った部品を補充するために，前工程が生産しなければならない部品の種類と量を記載した作業指示票をいう。

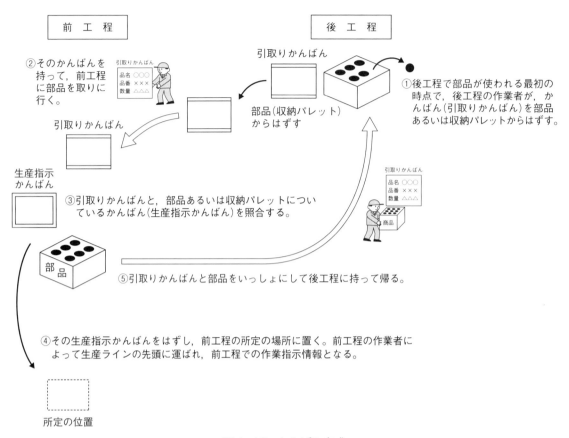

図4-18 かんばん方式

問6 かんばん方式の利点について述べよ。

2. MRP

もう一つの生産管理の手法は**MRP**❶である。MRPとは，販売予測に基づいてその必要量と必要な時期を決定する品目に対し，品目ごとに，適切に細分化された小期間単位に設定した**基準生産計画**❷をもとにしている。すなわちMRPとは，工程の各段階において必要な部品や材料の種類や量，必要な時点を割り出し，一元管理して生産指示や資材発注指示を現場に与える生産システムのことである。

MRPでは，基準生産計画が最も重要であるので，この計画の作成には，工場の関連部門や営業部門とも連携をとって行うことがたいせつである。

❶Material Requirements Planning, 略して, MRP とよばれる。
❷Master Production Schedule, 略して, MPS とよばれる。
❸net requirement
　基準生産計画をもとに展開したときの所要量から，その部品の有効在庫量を差し引いた正味所要量をいう。

8 生産管理の新しい流れ

1. CIM

計算機の飛躍的な成長と普及にともない，生産現場においても自動化が進み，CAD/CAM❶という支援ツールとCIM❷が展開された。CIMとは，受注から製品開発・設計・調達・製造・物流そして製品納入まで，生産にかかわるあらゆる活動をコンピュータで統括的に管理・制御するシステムである。ここでは，生産情報をネットワークで結び，異なる組織間で情報を共有するために一元化されたデータベースを使用する。

2. IoT

IoT❸は，あらゆる物がネットワークに接続され，情報交換することにより業務の効率化をはかり，価値あるサービスを生み出そうとする考え方である。通信モジュールとセンサの小形化・低価格化にともない，工場の設備に設置したセンサのデータや設備状況を分析・把握し，一つの工場だけでなく複数の工場の設備を効率的に運用・保守しようとする考え方である。これを**インダストリー4.0**ともいう。

3. ERP・SCM

生産を含む企業における基幹業務を統合するERP❹が多くの企業で使われるようになった。

また，資源や原料の供給にはじまり商品・サービスの顧客への提供に至る一連の物の流れをサプライチェーン(SC)という。そのSCに関連する企業・業務をネットワークで結び，情報を部門間または企業間でリアルタイムに共有することによって，SC全体のスピードおよび効率を高めながら顧客の満足を実現していこうとする管理手法が生まれた。それを**SCM**❺という。1990年代後半からのITの飛躍的活用とインターネットの発展により，SCMの考え方が導入され，現在の主流となっている。

---

❶Computer Aided Design，略して，CADとよばれる。

製品の形状その他の属性データからなるモデルをコンピュータの内部に作成し解析処理することによって進める設計をいう。

Computer Aided Manufacturing，略して，CAMとよばれる。

コンピュータの内部に表現されたモデルに基づいて生産に必要な各種情報を生成することおよびそれに基づいて進める生産の形式をいう。

❷Computer Integrated Manufacturing，略して，CIMとよばれる。

❸Internet of Things，略して，IoTとよばれる。

❹Enterprise Resource Planning，略して，ERPとよばれる。

生産，購買，会計，人事などの企業の基幹業務に必要な機能をあらかじめ備えたソフトウェア群である統合業務パッケージを利用して，相互に関係づけながら実行・支援するしくみをいう。

❺Supply Chain Management，略して，SCMとよばれる。

❶dispatching
　ある機械，設備で一つのジョブ（作業）が終わったとき，次に加工すべきジョブを決定し指示する活動をいう。

❷ratio of utilization
　人または機械における就業時間，もしくは利用可能時間に対する有効稼働時間との比率をいう。

❸group technology
　多品種の部品をその形状，寸法，素材，工程などの類似性に基づいて分類し，多品種少量生産に大量生産的効果を与えること。

❹set-up
　作業開始前の材料，機械，治工具，図面などの準備および試し加工をいう。

❺work-in-process, in process inventory
　原材料が払い出されてから完成品として入庫（出荷）の手続きがすむまでのすべての段階にある品物をいう。

❻synchronization
　生産において分業化した各工程の生産速度，稼働時間やそれに対する材料の供給時刻などをすべて一致させ，仕掛品の滞留，工程の遊休などが生じないようにすることをいう。

❼job card
　工程管理の伝票制度で使用される伝票のうち作業内容を指示するもの。このほかに工程管理で用いられるおもな伝票には，検査票，出庫票，移動票などがある。検査票は検査の依頼，記録判定するもの。出庫票は材料の払出用，移動票は工程間の移動用。これらの伝票は作業指示のみでなく，事後処理とも関連して作業実績報告用の資料としても用いられる。

4 工程管理

　顧客の要求の多様化などから，当初立案した計画は変更しなければならない状況が発生することがある。そのような状況が頻発する場合は，統制機能を充実し，工程管理を実施していなければ，利益の確保ができなくなる。このためには，生産情報の収集・処理を適時・的確に行い，実績資料を充実させて，管理のサイクルを短く，早く，強く回すことが重要である。ここでは，この統制の手法を学ぼう。

1　差立（作業指示）

　差立❶とは，とくに小日程計画を実行するために，職長など現場管理者がみずからの職場の作業者に対して，作業準備，作業割り当て，作業指示および作業指導をすることである。

◀a▶　作業準備　製作手配に基づいて，作業に必要な材料，部品，治工具，図面，作業標準書などを作業開始前に作業者の手元にいつでも着手できるように事前に準備しておくことである。

　基本的には，作業準備を前日までにすましておかなければならない。とくに，過去の経験から考え，予測可能な問題点を事前に処理しておかなければならない。

◀b▶　作業割り当て　個々のロットごとの仕事を個人別，あるいは機械別に割り当て，どの仕事を先に着手するのか作業優先順序を決めることである。

　作業割り当てのさいには，次のことを把握しておくことが必要である。ロットごとの納期や必要工数，作業が未完になっている仕事量，個人別または機械別の進捗状況，作業者の技能水準，機械の能力など。

　さらに，次のような点も考えた作業順序を考慮しなければならない。作業者や機械の**稼働率**❷の向上，類似性のあるロット・工程の**グループ**❸**化**による**段取り**❹作業の効率化，**仕掛品**❺を増やさずに生産期間が短縮できるような前後工程の**同期化**❻など。

◀c▶　作業指示　作業者に仕事の内容，作業方法，作業条件を具体的に指示することである。このとき，**作業票**❼と差立盤を組み合わせて用いることがある。差立盤の例を図4-19に示す。

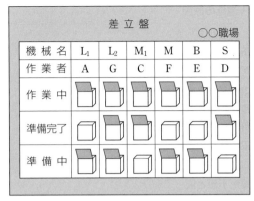

たとえば，A作業者は現在作業中であり，次の作業は準備中である。G作業者は現在作業中で，次の作業も準備が完了し，さらに，その次の作業の準備が行われている。

図 4-19 差立盤の例

　図 4-19 に示した差立盤では，作業票を入れるボックスが 3 段に分かれている。それぞれのボックスには作業票を入れて L_1 から S の 6 台の機械，A から D の 6 人の作業者に作業を指示する。作業者は，現在作業中の作業が終わると，現品と作業票を次工程に送る。そして，次作業のボックスの作業票を取り出し，作業中のボックスに移して作業をはじめる。

　◀d▶ **作業指導**　作業を準備し，割り当てても，計画段階では予測不可能な要因があって，仕事が順調に進むとはかぎらない。工程内で問題が発生した場合には，職長は作業者の支援をし，適切な対策をとる必要がある。また職長は，作業者の適正配置や配置換え❶を考え，必要に応じてグループリーダなどとともに，職場内訓練❷を担当する。

2　進捗管理

1. 進捗管理❸の機能

　小日程計画に従って適切に作業指示をしても，予測不可能な要因によって遅れたり早すぎたりすることがある（表 4-7）。

　進捗管理とは，仕事の進行を統制する業務であり，工程管理の中では最も重要な機能である。

　進捗管理の第一の目的は，小日程計画で定めた作業の開始・終了日程に従い，納期を確保することである。さらに，仕掛品が増えないように，生産速度を維持したり，調整することが第二の目的である。

❶job rotation
　担当する職務の内容を一定期間ごとに計画的に変えること。これにより，二つ以上の職務が遂行可能な多能工化が実現し，作業者の能力向上に結びつく。

❷on the job training
　OJT とよばれる。職場内において，直属の上司や先輩が部下・後輩に対し，日常業務の一環として仕事を通じて必要な知識，技能，問題解決能力などについて実施する教育訓練のこと。
▶第 9 章 p.156 参照。

❸expending follow-up
　仕事の進行状況を把握し，日々の仕事の進み具合を調整する活動をいう。
　進度管理，納期管理ともいう。

表4-7 進捗管理における先行・遅延の原因

計画面	①計画に余裕がなく，無理があった。 ②作業手順の検討が不十分だった。 ③負荷の算定の精度が低かった。
設計面	①設計変更になり，工程・部品変更が発生した。 ②生産中に設計的問題が指摘され，中断した。 ③設計で予想した歩留り❶に達しなかった。 ④設計で予想した加工・検査の工数にならなかった。
品質面	①作業中でのやり直し頻度が予想と違っていた。 ②材料購入部品の品質が予想と違っていた。
設備面	①設備が故障して生産が中断した。 ②設備能力が整備不良・老朽化で低下した。 ③新設備を導入したが，立ち上がりトラブルが発生した。 ④オペレータの技量不足で，能力を発揮できなかった。
管理面	①作業者の習熟度が予想と違っていた。 ②計画の変更が多く混乱した。 ③資材の外注加工品が計画どおりに届かなかった。 ④欠勤が多かった。 ⑤作業中の待ちや遊びが増加した。

❶yield
　投入された主原材料の量と，その主原料から実際に産出された製品の量との比率をいう。

2. 進捗管理の手順

　進捗管理は，表4-8に示す手順により行う。

表4-8 進捗管理の手順と留意点

Ⅰ	進度分析	①計画と実績の差異が確認しやすいように，ガントチャート(図4-20)などの進捗表や流動数曲線などを用いて作業の速度を判断する。分析結果は視覚的に理解しやすいものが望ましい。 ②どのくらいの頻度で確認するか，管理レベルを工夫する。❷
Ⅱ	進度判定	①判定基準を明確にするとともに．あらかじめ対策が必要とされる差異の範囲を設定しておく。 ②遅れ進みの原因により，差異の大きさを変化させる。 ③コンピュータを活用し，工数をかけずに対処する。
Ⅲ	進度対策	①緊急対策と恒久対策に分けて，遅れ・進み過ぎに対処する。 ②遅れに対処するためのヘルプ要員(応援作業者)を確保する。 ③多能工の育成をする。 ④計画を修正・変更する。
Ⅳ	効果確認	①チェックシートなどにより，効果確認作業の漏れを防止する。 ②生産調整会議や工程会議などで対策効果の確認を行う。あるいは，対策によっても生産計画を達成できない場合には，計画を調整することも考える。

❷▶本章 p.37 参照。

　設計面が不十分なまま製造開始を行い，工程内トラブルを引き起こしてしまった場合には，進捗管理による緊急対策後に原因を究明して恒久対策を講じることが必要である。

製品	1日	2日	3日	4日	5日	6日
A						
B						

□ 計画　■ 実績

図4-20　ガントチャートによる進捗管理

> 実績と計画を比較するには，計画線が記入されているチャートに実績を太い線で記入する。左図のチャートから2日目終了時点で，製品Bが計画より遅れていることがわかる。

3　余力管理

　余力とは，工程がもっている生産能力から現状の仕事量を差し引いて残った部分をいう。能力不足(負の余力)では納期遅れとなり，反対に能力過剰(正の余力)では作業者や機械の操業度が低下することになる。このような余力が発生するおもな原因として，計画自体の不正確，生産能力の変動，負荷の変動が考えられる。

　余力管理❶とは，生産能力に対して適切な余力を残しながら，小日程計画の目標を達成するために工数計画を修正して余力調整をすることである。工数計画での予測を検証しつつ，予測を超えた部分については仕事の再配分を行うなど余力をバランスさせて，納期確保をはからなくてはならない。

　余力管理の手順は，1)手持ち仕事量の調査，2)現有能力の把握❷，3)余力の把握，4)余力の調整，5)小日程計画の再作成となる。

　この管理の手段として，ガントチャートが用いられる。

　図4-21に，**ガントチャート**を用いた余力管理の例を示す。

❶control of capacity available
　各工程または個々の作業者について現在の負荷状態と現有能力とを把握し，現在どれだけ余力または不足があるかを検討し，作業の再配分を行って能力と負荷を均衡させる活動をいう。
❷現在ならびに今後やらなければならない仕事がどれだけあるかを把握すること。

作業者	16日 月	17日 火	18日 水	19日 木	20日 金	21日 土	22日 日
山本	N-32			T-16	M-45		
野口	T-12	H-27	K-82	N-32			
中村	N-24		S-22		S-15		

N-32，T-16などは，作業の種類を指す。空白部分は余力になる。

図4-21　ガントチャートによる余力管理

問7　余力管理において，能力不足の場合，能力過剰の場合，それぞれの対応策を述べよ。

4 現品管理

現品とは，材料または部品，仕掛品，製品などのことをいう。**現品管理**とは，現品の所在と数量をつねに把握し，倉庫での保管，工場での運搬，生産現場内での停滞状態の管理を的確に行うことによって，工場における所定数量の現品の流れを円滑化することである。

現品の流れを把握する方法としては，①生産設備から取得する，②バーコードやRFIDタグなどから情報を**現場端末**で読み取る，③伝票を収集して入力する，などの方法があり，進捗情報の把握の必要性に応じて，これらの中から選択する。

また，工場内における現品の流れに付随して発生する情報の流れを把握することも重要である。所定数量と実際数量に差異が生じたら，その原因を調べて処置をとる必要がある。

5 物流

経済活動は，簡単にいうと生産→流通→消費からなりたっている。このように**流通**とは，生産者と消費者との間にある，場所的・時間的・人的（商品の所有権）へだたりを解消し，生産から消費までの橋渡しをする経済機能をいう。

流通の中で，商取引によって所有権を移転させることを**商流**といい，輸送・保管によって場所・時間のへだたりを解消することを**物流**という。ここでは，生産に関する流通の一部である物流について学ぶ。

1 物流とは

物流とは，物的流通を略した名称であり，物の流れに関する経済活動をいう。その中には，原材料の供給源から生産ラインの始点までの移動と，完成品を生産ラインの終点から消費者まで移動することに関する活動とがある。前者を**調達物流**といい，後者を**製品物流**という。

そのほかに，製品や部品の回収，ゴミ廃棄物の回収といった活動も**回収物流**といい，物流に含まれている。さらに近年では，調達物流と製品物流とを統合的にとらえた**ロジスティクス**という考えが主流になってきている。

---

❶ physical product (material)
最終製品，部品，資材など物理的に管理される生産対象物であり，たんに管理情報または仮想製品として与えられるものではなく，物理的に存在する有形物をいう。

❷ materials control

❸ RFID
Radio Frequency Identification の略。
無線ICタグ（RFタグ）を製品につけ，リーダライタとの間の無線通信によりデータの読み書きを行う自動認識システムをいう。
たとえば，JR東日本のスイカがある。

❹ 工場などの現場でデータを収集するための端末機器の総称をいう。バーコードリーダやRFID読み取り機，キーボードなどがある。

❺ procurement logistics
❻ product logistics
❼ reverse logistics
❽ logistics
▶本章 p.51 参照。

1. 生産に関する物流の構成

物流の構成としては，**輸送**❶の機能と**保管**❷の機能とがある。輸送は出発地から到着地まで物を移動させる活動をいい，保管は生産と消費の時間のずれを解消する機能をいう。そのほか，荷役❸(積みおろし)と梱包❹という機能もある。

❶transportation
❷storage
❸material handling
❹packing

2. 物流管理と物流コスト

物流管理とは，物流に関する活動を総合的に計画して統制していく業務をいう。その役割は，物流サービスの維持向上と物流コストの削減にある。**物流コスト**は，輸送，保管，荷役，梱包に分かれる。

2 調達物流

1. 調達物流の役割

調達物流とは，自社に入ってくる物流をいう。あるメーカが原材料を仕入れるときの調達物流は，原材料を納入するメーカにとっては製品物流にあたる。

3 製品物流

1. 輸送

わが国の国内貨物輸送は，トラックへの依存度がきわめて高く，ついで海運が多くなっている。トラック輸送の課題は，コンビニエンスストアに代表される多頻度小口運送にどう対応するのか，**共同配送**❺，**混載**❻などが改善のポイントになっている。

❺cooperative distribution
都市内の物流の合理化をはかることを目的にしている。都市の一定地域における複数の荷主にかかる定期的な輸送需要に対して，二つ以上のトラック業者が共同して一つの輸送システムを採用し，トラック輸送の効率化をはかることをいう。

❻mixed loading
トラックなどの運搬車両に複数の品種を載せて運搬することをいう。

2. 保管

保管の機能は，物を一定期間たくわえて，生産と消費の時間的へだたりを埋めることにある。しかし，保管の位置づけも，この貯蔵から出荷の準備に変わってきている。顧客の注文に，より迅速に対応することが求められている。

4 物流の新しい流れ

1. ロジスティクス

ロジスティクスとは，サプライチェーンの物流(原材料の調達から製品の配送まで)を統合的にとらえて，各物流の同期化をはかることをいい，物流をより広くとらえた考え方である。

物流の機能と役割を，輸送と保管という側面だけで考えるのではなく，市場ニーズに適合するために，調達，生産，販売，物流などの全体的な流れを計画・実行・管理することまで含めて包括的に考えるのが主流になっている。

2. グリーン物流

環境問題，とくに地球温暖化は以前にも増して大きな社会問題になっており，物流においてもトラック輸送のCO_2排出量の大幅な削減は大きな課題となっている。その対策として，エコドライブの推進や低公害車の導入，物流の共同配送によるトラック数の削減，鉄道や船の利用拡大（モーダルシフト❶）などがはかられている。このような物流をグリーン物流❷という。

3. リサイクル物流

メーカは，環境への負荷を最小限にするためにリサイクルしやすい製品をつくりはじめている。さらに，顧客が廃棄した製品の物流も問題になっており，顧客からその製品を引き取り，リサイクル処理する効率的な回収ルートの構築が必要となってきている。

❶modal shift
　貨物の輸送手段をトラック輸送から船舶や鉄道へ転換することをいう。
❷green logistics
　地球環境にやさしい（環境負荷の少ない）物流システムをいう。

章末問題

1. 生産計画の体系を述べよ。
2. 生産計画における小日程計画の役割と重要性を述べよ。
3. 生産方式の名称を三つあげ，説明せよ。
4. 工場内に仕掛品（製造工程の途中で，まだ製品になっていないもの）が多く滞留していることは，生産管理上だけでなく，経営上も問題を引き起こす。そのおもなものを話し合ってみよ。
5. パートの適用場面について話し合ってみよ。
6. 流動数曲線の適用場面について述べよ。
7. 手順計画，日程計画で決められる事項について述べよ。
8. 共同配送は各業界で試みられているが，必ずしも成功していない。その理由を考えてみよ。
9. 近年，ビールなどの有力メーカは物流拠点の集約化と大規模化に取り組んでいる。その理由を考えてみよ。

第5章

工程分析と作業研究

この章では、工程分析と作業研究の内容について、工程図記号、ライン編成、方法研究と作業測定、動作研究、標準時間などを通して学習しよう。

電子部品の最新工場

1 工程分析と作業研究の役割と意義

工程分析❶とは、生産対象物である材料や部品の変化や流れの状態を調査検討し、工程や作業方法の改善・設計、生産設計、工程管理のしくみの改善・設計、工場の設備配置(レイアウト)の改善・設計などの基礎的資料を与えることである。

工程分析による改善が行われたあとに**作業研究**❸が行われる。作業研究では、各工程について**要素作業**❹または**単位作業**❺にまで分解した改善を行う。一般にストップウォッチ❻を用い、作業を分析して最も適切な作業方法である標準作業を決定し、標準作業を行うときの所要時間から標準時間を求める。工程分析よりもさらに厳しく、ムリ・ムダな作業をなくすために、作業方法、作業条件などの改善と標準化を行う。

❶process analysis
　過程や活動を系統的に対象に適合した図記号で表して調査分析する手法。
❷process improvement
❸methods engineering
❹work element
　単位作業を構成する要素で目的別に区分される一連の動作または作業。
❺work unit
　一つの作業目的を遂行する最小の作業区分。
❻stopwatch method
❼improvement of operation

Column　テイラー

19世紀，米国では，工場の組織・経営の合理化の取り組みがはじめられた。1880年に米国機械技師協会が設立され，その会員だったテイラー(F. W. Taylor1856～1915)によって，現在の生産管理に相当する科学的管理法が誕生した。テイラーは課業(task)を適切な作業の要素に分解し，その作業に必要な時間を，ストップウォッチを用いて測定を行い，この標準時間をもとに課業の管理を行うことを提案し，1911年に「科学的管理法の原理」としてまとめた。

2 工程分析

❶graphical symbols for process chart

工程分析には，**工程図記号**❶が用いられる。どのように規定されているかを理解し，図記号のみかたを学ぼう。

1 工程図記号

工程図記号は，生産工程において，原料・材料・部品などの変化の過程を表す場合に用いられる図記号である。

生産工程の計画・分析・設定・指図などを計画図・系統図・分析図・指図書の図面の中に工程図記号を用いて表すこともある。また，工程を表すのに工程図記号を用いると，工程分析の結果が一目ではっきりわかる。

工程図記号は，**基本図記号**と**補助図記号**に大別される。

基本図記号は，生産工程における諸活動の基本要素を，**加工・運搬・停滞・検査**に分類し，記号化したものである。

補助図記号は，**流れ線・区分・省略**からなり，要素工程の順序関係を表す場合や，工程系列の一部を省略する場合などに用いられる（表5-1）。

たとえば，一連の工程系列は，各要素工程図記号間を流れ線で結んで図示する。同一図面内に複数の工程系列を示す場合は，目的の対象となる工程系列は太線で，そのほかの工程系列は細線で描く。

工程の事例として，コンテナに入った材料（丸棒）を手で機械のところに運び，軸部を研削したのち，軸径を測定してコンテナに収め，数量を検査して完成品置き場へ運ぶまでの工程を図5-1に示した。この工程を工程図記号を用いて表すと，表5-2に示したようになる。

表5-1 工程図記号❶

分類	要素工程	記号の名称	記号	意味
基本図記号	加工	加工	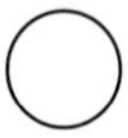 ○	原料・材料・部品または製品の形状，性質に変化を与える過程を表す。
	運搬	運搬	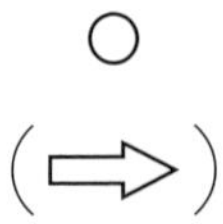 ○ (⇨)	原料・材料・部品または製品の位置に変化を与える過程を表す。 備考　運搬記号の直径は，加工記号の直径の1/2〜1/3とする。 記号の○のかわりに記号⇨を用いてもよい。ただし，この記号は運搬の方向を意味しない。
	停滞	貯蔵	 ▽	原料・材料・部品または製品を計画によりたくわえている過程を表す。
		滞留	 D	原料・材料・部品または製品が計画に反してとどこおっている状態を表す。
	検査	数量検査	 □	原料・材料・部品または製品の量，または個数をはかって，その結果を基準と比較して差異を知る過程を表す。
		品質検査	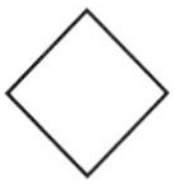 ◇	原料・材料・部品または製品の品質特性を試験し，その結果を基準と比較してロットの合格・不合格または個数の適合・不適合を判定する過程を表す。
補助図記号	流れ線		 ｜	要素工程の順序関係を表す。 順序関係がわかりにくいときは，流れ線の端部または中間部に矢印を描いてその方向を明示する。流れ線の交差部分は⤴で表す。
	区分		 〰	工程系列における管理上の区分を表す。
	省略		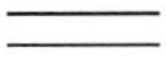 ＝	工程系列の一部の省略を表す。

(JIS Z 8206:1982 から作成)

❶第6章の品質管理では，材料投入から出荷までの全工程について，管理項目や品質特性を記入した「QC工程表」が用いられ，左記の工程図記号が使われる。
▶第6章 p.99 参照。

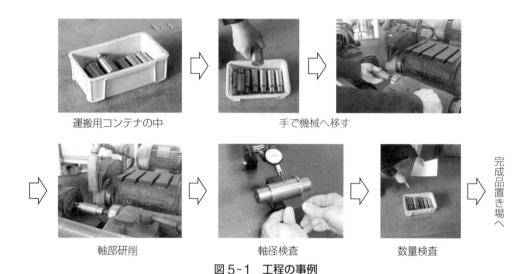

図5-1 工程の事例

表5-2 図5-1の工程の工程図

時間[min]	距離[m]	記号	説明
	65.20	▽	運搬用コンテナの上で
1	0.10	○	手で機械へ
	1.50	○	軸部研削
3	0.15	○	手で検査台へ
	0.35	◇	軸径検査 ❶
3	0.15	○	手で仕掛り置き場へ
	125.00	▽	運搬用コンテナの上で
	0.10	□	数量検査
7	0.75	○	荷車で完成品置き場へ
		▽	完成品置き場で

○…4 ▽…3 ○…1 □…1 ◇…1

❶この検査のように後工程に不適合品を渡さないようにするため,工程内で行う検査を「工程内検査」という。

このほか,検査がいつ行われるかにより分類すると,購入部品を受け入れるときに行う購入検査・受入検査,工程と工程の間で行う工程間検査,製品出荷時の出荷検査,最終検査などがある。

▶第6章p.94参照。見返し1・2参照。

❷production line design
❸レイアウト(layout)
建物,装置,設備などの配置,または配置する行為をいう。

2 ライン編成

生産ラインの設備,作業者の配置および部品の供給点を決定する活動を**ライン編成**❷という。ライン編成のうち,**設備配置**は,**機能別配置**❸

（ジョブショップ型），**製品別配置**（フローショップ型），**製品固定別配置**
に分けられる（図5-2）。

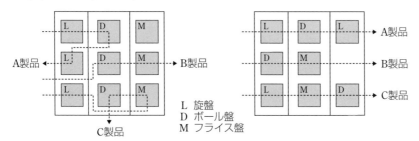

(a) 機能別配置
作業の性質が類似したものをグループ分けし，機能が同じ設備をグループ別に配置する方式。

(b) 製品別配置
機械設備を工程の順序に従って配置する方式。

L 旋盤
D ボール盤
M フライス盤

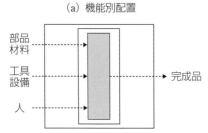

(c) 製品固定別配置
部品・製品を一定の場所に固定する方式。その場所に機械が運ばれて仕事が行われ，そこで，製品が完成する。造船などの重量物の個別生産に採用される。

図5-2 設備配置の区分

このうち，製品別配置の場合は，工作物などを移動させるのにコンベヤを用いる**ライン生産方式**❶になることが多い。また，生産形態が多品種小ロット生産の場合には，機械を工程の順序に沿ってU字型に配置した**U字型生産ライン**❷が用いられる。この方式は，**多工程持ち，多能工化**による，生産数量の変動に対して，人員を弾力的に変動できる特徴がある（図5-3）。

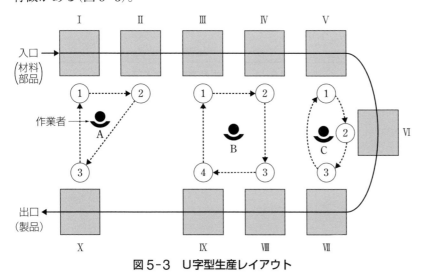

図5-3 U字型生産レイアウト

❶line production system
生産ライン上の各作業場所に作業を割り付けておき，工作物がラインを移動するにつれて，加工が進んでいく方式。流れ作業。

❷U-shaped production line
第1工程から最終工程までをU字型に配置する生産方式。

❶cell production system

U字型生産ラインをさらに発展させたのが，**セル生産方式**❶である。セル生産方式は，ラインを用いずに1人の作業者や複数の作業者が製品を組み立てる方式で，次に述べる利点がある。

①　コンベヤ長さが短縮化されたことにより，少人数での作業ができる。

②　工程内の仕掛品の在庫が減少し，生産リードタイムが短縮される。

③　設備の小停止も少なくなり，品質の維持・向上が可能となる。

④　作業者が，ものづくりの達成感を味わうことができる。

これらを実現するためには，すぐれた生産技術者・管理者・訓練された熟練工が必要になる。

セル生産方式の三つのタイプを図5-4に示す。

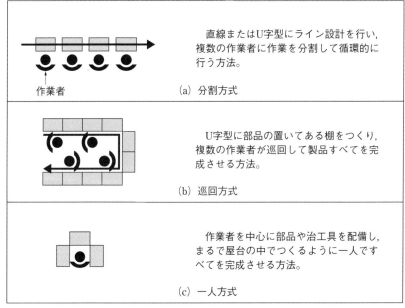

図5-4　セル生産方式のタイプ

3 作業研究

作業研究は，方法研究，作業測定，標準時間，PTS法から構成される。ここでは，その内容について学ぼう。

1 方法研究と作業測定

1. 方法研究

方法研究とは，作業または製造方法を分析し，標準化・総合化によって，作業方法または生産工程を設計・改善するための手法である。

方法研究を行う場合，作業者としては，必ずしも熟練者をいうのではなく，標準作業に従える人，改善に熱心な人，新しいアイデアによってすぐ実験のできる人などが望ましい。

もし，同じ作業に従事している人が複数いるときには，生産性の高い作業者と低い作業者を比較対照してみると改善のヒントを得ることができる。そのさい，作業を要素作業に分割して時間を記録することがたいせつである。要素作業に分割する利点は，得られた時間によって，改善案について定量的な効果を推定できるという点にある。また，ストップウォッチを補助具として用いることにより，改善するさいに多くの着眼点を得ることできる。

❶method study

2. 作業測定

作業測定は，製品を生産する**ワークシステム**を科学的に計画・管理するために，作業に要する時間を測定あるいは推定する手法である。このための**時間研究**には，時間の測定にストップウォッチを用いる方法が行われている（図5-5〜7）。

❷work measurement
❸work system

❹time study
　作業を要素作業または単位作業に分割し，要する時間を算出する手法。

(a) ストップウォッチ

(b) 観測板

観測者は，観測板を左腕に支えて作業者（被観測者）の斜め前方2mくらいの位置に立ち，作業を観測しながら，その時間を観測用紙に書き込む。

A4(210×297)またはB5(182×257)
板の厚さ6
（単位：mm）

図5-5　ストップウォッチと観測板

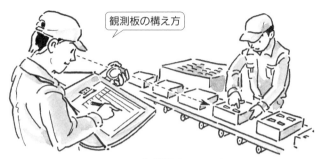

図 5-6　作業測定のしかた

時間の単位［DM］

整理番号		工事番号		時間観測用紙	観測者	B	観測年月日	
作業名	ピン削り	作業者	A	始 2:30 p.m.	終 2:47 p.m.	天候 晴	温度℃ 20℃	湿度% 60%
照明		熟練	下 (中) 上 最上	努力	下 (中) 上 最上			

	要素動作 ＼ 回数		1	2	3	4	5	6	7	8	9	10	11	12	13	14	15	16	17	18	19	20	合計/回数	平均	準備正味時間	作業正味時間 機械	作業正味時間 手仕事
a	チャックをゆるめ材料を引き出す	個	15	(40)	−	20	20	15	20	25	15	(30)											130	18.6	2000		19
		通	15	205		45	95	45	55	25	97	90											7				
b	チャックを締め振れを正す	個	(7)	10	−			15	13	12	18	(30)											68	13.6			14
		通	22	15		M	M	805×	68	37	315	520											5				
c	タレットを動かす	個	(10)	15	−			15	12	13	19	18											92	15.3			15
		通	32	30		55	618	20	80	50	34	38											6				
d	外径削り先端の面のやすり取り	個	62	57	−	59	57	58	64	57	52	60											526	58.4			58
		通	94	87		514	75	78	1044	207	86	98											9				
e	タレットを戻す	個	6	(5)	−	8	9	9	11	11	6	(12)											60	8.6			9
		通	100	92		22	84	87	55	18	92	610											7				
f	タレットを動かす	個	7	(14)	10	8		10	13	(5)	8	8											64	9.1			9
		通	107	306	95	30	M	97	68	23	400	18											7				
g	切り取る（頭部面取りを含む）	個	39	30	(15)	33		25	(22)	44	44	30											245	35.0			35
		通	46	36	410	63	715	922	90	67	44	80×											7				
h	タレットを戻す	個	4	6		5	5	3	5	3	4	4											39	4.3			4
		通	50	42	M	68	20	25	95	70	48	84											9				
	正規外動作	個						45				32											記事				
		通						790				50															
		個							バイトに油と石かけ				突切バイトにと石かけ														
		通																									

○内の数字：異常数字（計算から除外する）　×：正規外動作が起きた所　M：見落としの記号　−：正規の動作を省略した記号
個…個別作業　通…通し

図 5-7　時間観測用紙

時間を測定するには，時間の単位として，観測値整理の便宜のために十進法分単位の DM[❶] が用いられる。十進法分単位のストップウォッチは，長針 1 回転が 1 分で，文字盤の周囲を 100 等分してある。

❶decimal minute の略で，「デシマル」と読む。
1 分(minute)が 100 DM である。

問 1　コインの並べ作業を時間研究してみる。30 の枠が書かれた台紙と，10 円硬貨 30 枚を準備し，台紙上部の枠の中に乱雑に山積みする。準備ができたら，右手の人差し指でコインを 1 枚ずつ台紙の上に並べていく。30 枚の硬貨を 30 の枠の中に置く。すべて枠の中に収まった時間をストップウォッチで測定する。これを何回か行い，測定値の違いについて考えてみよ。

問 2　方法研究と作業測定の関係について説明せよ。

2 動作研究

1. 動作経済の原則

作業は動作の集まりであるから,作業を改善するためには,その基本的要素である動作について研究しなければ,本質的な改善はできない。

作業者が行うすべての動作を調査分析し,最適な作業方法を求めるための手法を**動作研究**❶という。動作研究は,動作経済のもとで進められる。**動作経済の原則**❷は,合理的に作業を行い,最小の疲労で最大の生産を上げるための経験則で,ギルブレス夫妻が提唱して以来,多くの人に研究されてきた。

❶motion study
▶本章 p.63,コラムを参照。
❷principles of motion economy

身体の使用に関する原則
① 両手を同時に動かしはじめ,同時に停止する。
② 手は休憩時間以外は休めない。
③ なるべく身体を動かす範囲を小さくする(指先・手首・前腕・上腕・肩の順に運動の範囲が大きくなる)。
④ 腕の運動は,同一方向ではなく,対称的に同時に動かす。
⑤ できるだけ慣性や重力を利用する。
⑥ 動作の方向を変える必要があるときは,急に方向変換をしないで,曲線運動にする。
⑦ 不自然な姿勢や不自然に制限された動作は避ける。
⑧ 作業はできるだけ容易で,自然なリズムをもつようにする。
⑨ 足を有効に使う。

左手の普通範囲 右手の普通範囲
左手の最大範囲 右手の最大範囲
670
340
340
1180
1760
(単位:mm)

身長1780mm,手185mm,胴790mm,前腕270mm,上腕320mmとする。

図A 正規作業範囲

⑩ 作業は,**正規作業範囲**(図A)内で行うようにする。 正規作業範囲とは,身体を動さないで両手の届く範囲である。

作業設備に関する原則
① 工具・材料などはすべて定位置に置く。
② 使用中の工具・材料は,作業位置近く,作業者の前面で,作業順序につごうのよい位置に配置する。
③ 材料供給にはできるだけ重力送り装置を用いる。
④ 加工後はできるだけ落下送出し装置を利用する。
⑤ 目に害のある光線を避け,適当な照明をする。
⑥ 作業台・いすは,作業に便利で疲れの最も少ない高さ・形にする。

機械・器具および工具の設計に関する原則
① 足を有効に使って,手の動作を省くように設計する。
② 二つ以上の工具はできるだけ組み合わせる。たとえば両口スパナなど。
③ 力を要するハンドルや柄は,手のひらにできるだけ広く当たるようにする。
④ ハンドルや柄は,できるだけ身体の位置や,姿勢を変えずに操作でき,最大効率が得られるような位置・方向に取り付ける。

図5-8 動作経済の原則

2. サーブリッグ

ギルブレスは人間の行う動作を目的別に細分割し,あらゆる作業に共通であると考えられる基本動作を 18 の動作に分類し,**サーブリッグ**❶と名づけ,**サーブリッグ記号**として表した(表 5-3)。

❶Therblig

サーブリッグ記号は性質により,三つに大別されている。

第一類　仕事の完成に直接必要な動作要素とその前後の動作要素。これらの動作を不必要にすることが最も効果的である。

第二類　第一類の作業の実行を妨げる傾向のある動作要素,作業場所の配置,部品の形状などの変更で除くことができる。

第三類　仕事を行わないもの。保持具を用意したり,作業域の配置を変えたり,動作順序などの変更により排除できる。

表 5-3　サーブリッグ記号

分類	動作	名称	略字	記号	記号の意味
第一類	①	手を伸ばす	transport empty	TE		空の皿の形
	②	つかむ	grasp	G		物をつかむ形
	③	運ぶ	transport loaded	TL		皿に物を載せた形
	④	組み合わす	assemble	A		物を組み合わせた形
	⑤	使う	use	U		使う(use)の頭文字
	⑥	分解する	disassemble	DA		組合せから1本取り去った形
	⑦	放す	release load	RL		皿から物を落す形
	⑧	調べる	inspect	I		レンズの形
第二類	⑨	探す	search	SH		眼で物を探す形
	⑩	みいだす	find	F		眼で物を探し当てた形
	⑪	位置決め	position	P		物が手の先にある形
	⑫	選ぶ	select	ST		指し示した形
	⑬	考える	plan	PN		頭に手を当てて考える形
	⑭	前置き	pre-position	PP		ボーリングのピンを立てた形
第三類	⑮	保持	hold	H		磁石が物を吸い付けた形
	⑯	休む	rest	R		人が椅子に腰掛けた形
	⑰	避けられない遅れ	unavoidable delay	UD		人がつまずいて倒れた形
	⑱	避けられる遅れ	avoidable delay	AD		人が寝た形

サーブリッグの具体例として,表 5-4 にボール盤による穴あけ作業の例を示す。

表5-4 ボール盤による穴あけ作業のサーブリッグ

左手の動作	サーブリッグ 左	サーブリッグ 目(足)	サーブリッグ 右	右手の動作	改善着眼
加工品の手を伸ばす	⌣	👁👁→	∩	ハンドルをにぎっている	
加工品をつかむ	∩		↓		
加工品をテーブルへ運ぶ	◡	👁👁			
加工品をドリルの下へきちっと入れる	9		◡	ハンドルをおろす	
加工品を押さえている	∩		∪	穴をあける	
加工品をつかみなおす	∩		◡	ハンドルを上げる	
加工品を運ぶ	◡	👁👁	∩	ハンドルをにぎっている	
加工品を箱に入れる	◡				
手を戻す	⌣	↓			

問 3 ノートを広げ，胸ポケットからボールペンを取り出し，ノックしてから字を書く動作を分析してサーブリッグ記号で表してみよ。

Column　ギルブレス(F. B. Gilbreth)

ギルブレス夫妻は，作業者の動作に着目し，レンガ積み作業の動作研究からはじめた。作業は動作の集まりで，あらゆる作業の動作が18の基本動作からなりたっていることを発見し，それらを図記号化した。そして，心理学者である夫人のアイデアで彼の名前を逆に並べて，サーブリッグ(Therblig)と名づけた。

3　標準時間

作業研究の方法研究，作業測定のあとに標準作業設定がある。ここでは，標準時間の定義と求め方などを学ぶ。

1．標準時間の定義

標準時間❶とは，その仕事に適性のある習熟した作業者が，所定の作業条件のもとで必要な余裕をもち，正常な作業ペースによって，仕事を遂行するために必要とされる時間である。

標準時間の構成は，図5-9に示す。

標準時間は，**準備段取作業**❷時間と**主体作業**❸時間とに大別される。**正味時間**❹は観測時間を**レイティング**❺によって修正することによって求められる(図5-9)。

❶standard time
❷準備段取作業, set-up operation
　主体作業を行うために必要な準備，段取，作業終了後の後始末，運搬などの作業。
❸主体作業, main activity
　製品を直接生産している正規の作業で作業サイクルに対して毎回または周期的に行われる作業。
❹net time
　標準的な作業ペースで作業した場合の時間。
❺rating
　観測時間を正味時間に変換するために行う手続き。

$$\text{標準時間} = \text{主体作業時間} + \text{準備段取作業時間}$$
$$\text{主体作業時間} = \text{正味時間} + \text{余裕時間}$$

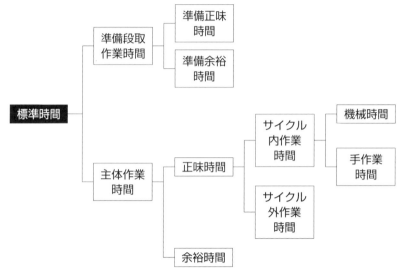

図5-9 標準時間の構成

レイティング係数は，ある作業について標準の熟練度の作業者がふつうの努力で作業したときの速さを100％として評価する。

たとえば，標準の速さで一定時間作業を行ったときよりも20％速いときは120％とすることである。正味時間は，次式のようになる。

$$\text{正味時間} = \text{観測時間(代表値)} \times \frac{\text{レイティング係数}}{100}$$

例題 1 ある作業者がボルト・ナットを取り付ける作業を行ったときの時間を測定したら80 DM(代表値)であった。このときの正味時間を求めよ。なお，レイティング係数は110％とする。

解答 正味時間 = 観測時間 × $\frac{\text{レイティング係数}}{100}$

であるから

$$\text{正味時間} = 80\,\text{DM} \times \frac{110}{100}$$
$$= 88\,\text{DM}$$

❶allowances

余裕時間❶とは，作業を遂行するために必要と認められる遅れの時間をいう。余裕時間には，トイレなどの生理的要求に対する時間，作業によって生じた疲労を回復するための時間や汗をふく時間，不規則に発生する作業，また避けられない遅れの時間などがある。余裕時間は，正味時間に対する係数として設定するのが普通で，これを**余裕率**❷という。

❷percentage of allowance または allowance factor

例題 2 コイン並べ作業で作業測定を行った。30枚のコインを30の枠に並べる作業を5回繰り返すのに45 DM，コインを上部に寄せ集める作業に5 DMかかったとする。この場合の標準時間の設定について考えてみよ。ただし，余裕率を10％とする。

解答

サイクル内作業時間は，コインを30の枠に並べる作業に必要な時間。サイクル外作業時間は，コインを上部に寄せ集める作業に必要な時間。準備段取作業時間は，台紙を机の上に広げたり，かたづける作業に必要な時間。

$$正味時間 = サイクル内作業時間 + サイクル外作業時間$$
$$= 45 + 5 = 50 \text{ DM}$$
$$主体作業時間 = 正味時間 + 余裕時間$$
$$= 正味時間 + 正味時間 \times 余裕率$$
$$= 50 + 50 \times 0.1 = 50 + 5 = 55 \text{ DM}$$

となる。

この主体作業時間に準備段取作業時間を加えた時間が標準時間になる。

2．主体作業時間の設定手順

主体作業時間の設定手順を図5-10に示す。

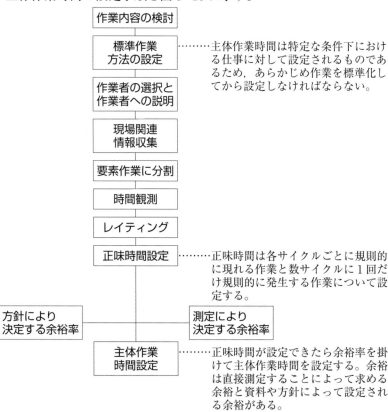

図5-10 主体作業時間の設定手順

問4 標準時間とは何か，標準時間を決める目的は何かを考えよ。

4 PTS法

標準時間を設定する場合，ストップウォッチで直接時間を測定する方法は，時間と手間がかかるうえ，観測者の主観が結果に影響を及ぼすという弊害もある。これらの問題を解決する方法として，PTS法❶が考案された。

PTS法は，要素動作にあらかじめ定められた標準時間値を適用することによって作業時間を求めていこうというものである。

PTS法の代表的手法として，WF❷がある。WF動作分析では，基本動作，動作距離および動作時間に影響を及ぼす変数を，動作距離を考慮して作業時間を決める方法である。変数として，使用する身体部位，動作距離，重量，動作困難性(停止D，方向調整S，注意P，方向転換U)の四つを取り上げる。WFの動作スピードはレイティング係数の125%を基準としている。

❶predetermined time standard system
人間の作業を基本動作にまで分解し，その基本動作に性質と条件に応じてあらかじめ決められた基本となる時間値を用いてその作業時間を求めていく方法。
❷work factor

章末問題

1. 作業研究は作業改善の原動力になるものである。その理由を話し合ってみよ。
2. 平歯車の穴あけ，ボス削りの時間研究を行った。作業の便宜上，2個まとめて作業した結果，観測時間の平均は6.02分だった。次の条件下における平歯車1個あたりの主体作業時間を求めよ。なお，余裕は次表のように分類することができる。

```
余裕 ─┬─ 管理余裕 ─┬─ 作業余裕
      │            └─ 職場余裕
      └─ 人的余裕 ─┬─ 用達余裕
                   └─ 疲労余裕
```

余裕率は，主体作業時間に占める余裕時間の割合である。

① レイティング係数120%　② 疲労余裕10%　③ 作業余裕5%
④ 職場余裕4%　⑤ 用達余裕3%

3. 机の上にあるコップをとって瓶にかぶせる作業をサーブリッグ分析せよ。

第6章 品質管理

この章では，品質管理の意義や目的，品質管理の手法，品質検査，品質保証などについて学習するとともに，品質管理が消費者の求める品質の開発，生産，サービスなどに関連していることを理解しよう。また、近年新入社員教育などにも取り入れられているQC検定の3級もしくは4級の取得をめざそう。

特性要因図を用いたQCサークル活動

1 品質管理の意義と目的

私たちは日常生活の中で，多くの工業製品を使い，より便利で快適な生活を過ごすことができるようになった。これらの製品はどのような考え方で生産され，管理されているのだろうか。

たとえば，家庭で使う電化製品をみると，テレビ，エアコン，IH調理器❶，冷蔵庫，食器洗い機などがあげられる。人々はこれらを購入するときは，製品の**品質特性**❷や機能，価格を考えて選んでいる。**品質**とは製品の良し悪しを表す性質で，買い手の要求に合った製品を作り出すための要素といえる。

この品質特性にはいろいろあり，製品によって異なる❸。また，消費者のニーズによっても変わってくる。消費者の要求を優先する考え方を「市場の考えを取り入れる」という意味から**マーケットイン**❹という。これに対して，「企業の側の論理で製品を生産する」生産者中心の考え方を**プロダクトアウト**❺という。

消費者のニーズを積極的に取り入れるマーケットインが近年の品質管理の基本的な考え方である。

❶induction heating
　電磁誘導加熱。IH調理器内のコイルに流れる電流により誘導された磁力が，金属のなべにうず電流を生じさせ，発熱させる。

❷quality characteristic
　大きさ，重さ，操作性などの品質を構成する要素。
▶本章 p.70 で学ぶ。

❸製品には，電化製品のようなハードウェアのほかに，コンピュータのOSやアプリケーションなどのソフトウェアもある。本書では品質管理の対象の製品としておもにハードウェアを取り上げる。

❹market-in
❺product-out
　（日本規格協会「日本の品質を論ずるための品質用語85」による）

1 品質管理の意義と目的　**67**

また，製造工場で同じようにつくり出された製品の品質が必ずしもすべて規格に合っているとはかぎらない。実際に正常に機能しないことや不具合が生じることもありうる。このようなことが起きないようにするため，製造工程での検査が行われる。

このように，顧客の要求に合った品質の製品を経済的につくり出すための業務を**品質管理**❷という。

❶「顧客や社会の要求する品質」のことを**要求品質**という。
❷Quality Control
　略して QC とよばれる。JIS Z 8101 では，「買い手の要求に合った品質の品物またはサービスを経済的につくり出すための手段の体系」と定義されている。

1　品質管理

品質管理がはじめられた当初の品質は，生産工程でつくられる製品が製品規格に合うものかを評価することが主題であった。

その後，企業活動の活発化にともない商品が豊富に供給されるようになり，製品に対する顧客や社会の要求が拡大し多様化してきた。さらに，製品が社会や環境保全および資源の有効活用などにも適合するよう求められるようになった。

1. 品質管理の目的

品質管理の目的は，工業製品の生産にあたって消費者の要求を満たし，企業経営上最も有利と考えられる品質を定め，最も経済的に製品として実現させることにある。品質管理の概念を要約すると，次のようになる。

① **統計的品質管理**❸　統計的な考え方と手段を取り入れた管理方法を推進する。

② **総合的品質管理**❹　生産工場での各部門が全社的な協力体制で総合的に管理する。

③ **品質意識の向上**　たんに製品を多くつくるために能率を上げることではなく，消費者の望む良い品質の製品に関心をもつようにする。

❸Statistical Quality Control
　略して SQC とよばれる。
▶本章 p.73 参照。
❹Total Quality Management
　略して TQM とよばれる。**全社的品質管理**ともいう。
　製品の品質管理（Total Quality Control，略して TQC とよばれる）だけでなく，企業の全部門にかかわった全社的な活動として品質管理を行うことをいう。
❺品質意識を充実させるために，技術的進歩に向けた改善をしながら品質管理活動の質の**スパイラルアップ**を進めていく。
▶第2章 p.17 参照。

2. 品質管理の活動

◀a▶　PDCA サイクルと SDCA サイクル　製造工程の中での品質管理の活動は，図6-2に示すように **PDCA サイクル**で構成される。PDCA サイクルにおいて，処置（Act）の結果が計画（Plan）の段階に戻り，ふたたび円が同一方向に回転するのであるが，品質管理活動ではさらに品質意識の線上を，このサイクルを繰り返し回転させていくということが継続的に進められる。これを**品質管理サイクル**❺とよんでいる（図6-1）。

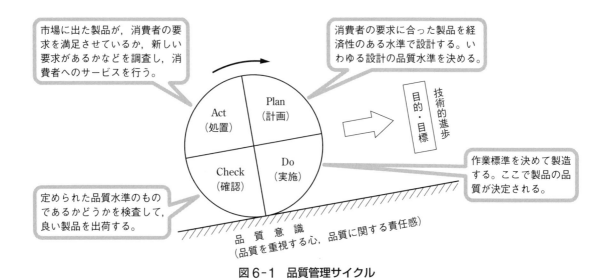

図6-1　品質管理サイクル

とくに，日常業務を標準化し，標準どおりに品質を維持する計画の場合，計画(P)を**標準化**❶(S)に置き換えたものを，**SDCAサイクル**という。

◀b▶　品質改善活動❷　企業の生産現場では，**QCサークル**❸とよばれる職場ごとに組織された小集団が**品質改善活動**を行っている。仕事のやり方や品質などの改善は，ばらつきの原因となる工程の**3ム**(ムリ，ムラ，ムダ)❹をみつけて，それらをなくすことで品質を改善していく。「品質は工程でつくる」「次工程はお客様」という考え方を基本に品質管理活動が行われている。

QCサークル活動の中で，問題を解決していくときによく用いられる手順に**QCストーリー**❺がある。図6-2に示す八つのステップがあるが，現状をよく分析して問題点を出し❻，実施し，効果を確認し，目標に対して不十分な場合には，もう一度解析したり，対策を再検討したりする。PDCAやSDCAと同様，サイクルを回して，継続的に改善活動を行うことがたいせつである。

❶standardize
❷ローマ字のKAIZENは海外でも使われている。
❸自主的な考えに基づき，品質管理活動や安全衛生管理活動を行う小集団をいう。
工程ごとやラインごとに結成されることが多い。
▶第7章 p.113参照。
❹ムリ，ムラ，ムダを合わせて**3ム**という。
❺「QCストーリー」とは，改善活動をデータに基づいて，論理的・科学的に進め，効果的かつ効率的に行うための基本的な手順をいう。
(日本規格協会「日本の品質を論ずるための品質用語85」による)
❻現状の作業から問題点をみつけるさい，現場に行き，現物をみて，現実的に問題を考えることを**三現主義**という。

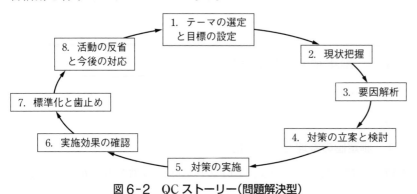

図6-2　QCストーリー(問題解決型)

1　品質管理の意義と目的

2　品質と品質特性

製品の品質は，その製品の備えている各種の性質によって判定される。ここでは，品質特性や製品のばらつきについて学ぼう。

1. 品質特性

品質は，製品の良し悪しを表す性質である。たとえば，「使用の目的に適している」，「信頼性が高く，各製品が均一で寿命が長く安全性がある」，「使いやすく外観・体裁がよい」，「保守が容易である」などがあげられる。このように，製品の品質を構成する要素を**品質特性**という。したがって，製品の良し悪しは，その製品の品質特性が組み合わされたもので判定される。

2. ばらつき

製品はどんな製造方法によってもまったく同じようにつくることはできない。すなわち，品質特性には必ず**ばらつき**❶がある。図3-1(p.20)に示す複写機では，ガラス面の傷，像のゆがみ，コピー画像の定着性，紙詰まりなどの点で，その製品が複写機としてどのくらい必要な品質特性をもっているか，それがどのようにばらついているかが検査される。

問1　複写機の品質特性にはどのようなものがあげられるか考えてみよ。
問2　品質管理サイクルに関連して，「計画(P)が8割で，残りの実施(D)，確認(C)，処置(A)が2割である」といわれる理由は何か。

❶dispersion
　観測値・測定結果の大きさがそろっていないこと，または不ぞろいの程度。
　ばらつきの大きさを表すには，標準偏差などが用いられる。
▶本章 p.76 参照。

2　品質管理の手法

同一方法でつくられた製品でも，品質特性にばらつきがあることを学んだ。この節では，機械加工部品を例に，品質管理の手法を学習しよう。

1　測定値のまとめ方

軸の直径の測定値を例にとり，それらのばらつきの状態を調べてみよう。

1. 測定値の整理とグラフ化

◀**a**▶　度数分布表　いま，1**ロット**❷100個の軸を取り出し，それぞれの直径を測定したところ，25.25 mm，25.15 mm，…，25.30 mm

❷lot
同一の条件で製造したひとかたまりをいう。
〔JIS Z 8101〕
▶第4章 p.30 参照。

表6-1 100個のデータ

				n=100	大きさ順に並びかえたもの				
25.01	25.04	25.06	25.07	25.08	25.09	25.11	25.11	25.12	25.14
25.15	25.16	25.16	25.16	25.16	25.17	25.17	25.17	25.17	25.18
25.18	25.18	25.18	25.19	25.19	25.19	25.20	25.20	25.21	25.21
25.21	25.21	25.21	25.21	25.22	25.22	25.22	25.22	25.22	25.22
25.23	25.23	25.23	25.23	25.23	25.23	25.24	25.24	25.24	25.24
25.24	25.25	25.25	25.25	25.25	25.25	25.26	25.26	25.26	25.26
25.26	25.27	25.27	25.27	25.27	25.27	25.28	25.28	25.28	25.28
25.28	25.29	25.29	25.29	25.29	25.29	25.30	25.30	25.30	25.31
25.31	25.31	25.32	25.32	25.32	25.33	25.33	25.34	25.34	25.35
25.36	25.36	25.37	25.37	25.38	25.39	25.40	25.41	25.44	25.47

という値が得られた。100個の値を表6-1に示す。

　最小値は25.01 mm, 最大値は25.47 mmである。これらを小さいものから大きなものへと順に並べ, これを一定間隔で段階的に整理し, 表6-2に示す**度数分布表**❶を作成する。

表6-2 度数分布表　　　　　　　　　　　　　　　　　［単位：mm］

No.	区間		階級値	度数チェック❷	度数
1	25.005	～ 25.055	25.03	//	2
2	25.055	～ 25.105	25.08	////	4
3	25.105	～ 25.155	25.13	〣//	5
4	25.155	～ 25.205	25.18	〣// 〣// 〣// //	17
5	25.205	～ 25.255	25.23	〣// 〣// 〣// 〣// 〣// ///	28
6	25.255	～ 25.305	25.28	〣// 〣// 〣// 〣// ///	23
7	25.305	～ 25.355	25.33	〣// 〣// /	11
8	25.355	～ 25.405	25.38	〣// //	7
9	25.405	～ 25.455	25.43	//	2
10	25.455	～ 25.505	25.48	/	1

　度数分布表は,「測定値の存在する範囲をいくつかの区分に分け, 各区間に属する測定値の出現度数を並べて表にしたもの」をいい, 次の手順で作成する。

　① 区間の数を求める。
　　　仮の目安として, データ数の平方根をとる。❸ $\sqrt{100} = 10$

　② 区間の幅を求める。
$$区間の幅 = \frac{最大値 - 最小値}{区間の数} = \frac{25.47 - 25.01}{10} = 0.046$$
　　最小測定単位が0.01なので, 小数第2位に丸めて0.05とする。

　③ 第1区間の下側の境界値を求める。
$$最小値 - \frac{最小測定単位}{2} = 25.01 - \frac{0.01}{2} = 25.005$$

　④ 第1区間の上側の境界値を求める。
$$下側境界値 + 区間の幅 = 25.005 + 0.05 = 25.055$$

　⑤ 階級値を求める。

❶frequency distribution table
[JIS Z 9401-1]

❷五つずつ集計するさいに用いる。「正」の漢字を使うこともあるが, この表のように斜線マーク〣//を用いることが多い。
[JIS Z 9041]では, 度数マークと表記している。

❸「データ数の平方根をとる」は一つの方法である。
　[JIS Z 9041]には区間の数と幅の決定方法として, 以下の記述がある。(要約)
　「区間の幅は, 範囲 R を 1, 2, 5 (あるいは 10, 20, 50；0.1, 0.2, 0.5 など) で除し, その値が 5～20 になるものを選ぶ。
　また, データ数から決める方法もある。

データの数	区間の数
50～100	6～10
100～250	7～12
250～400	10～20

階級値は，各区間の代表であり，中間の値をとったものである。

$$階級値 = \frac{下側境界値 + 上側境界値}{2} = \frac{25.005 + 25.055}{2}$$
$$= 25.03$$

順次，最大値が区間に含まれるまで，この手順を繰り返す。

⑥ 度数を数え，記入する。

たんに，測定値を並べただけではわからなかった分布の状況がみえてくる。

◀b▶ **ヒストグラムの描き方**　ヒストグラム❶を描くには，各区間を底辺とし，その区間に属する測定値の度数に比例する面積の長方形を並べる。表 6-2 の度数分布表から描いたヒストグラムを図 6-3 に示す。

より多くの部品の直径を測定し，ヒストグラムの区間の数を増やしていくと，図 6-4 のような**度数分布曲線**❷に近づいていく。

❶histogram
　ヒストグラムから得られる情報の詳細は，「QC 七つ道具」で詳しく学ぶ。
▶本章 p.80 参照。

❷frequency (distribution) curve
　複数の集団の状況を表す場合，ヒストグラムより，度数分布曲線のほうがわかりやすい。
▶本章 p.83 参照。

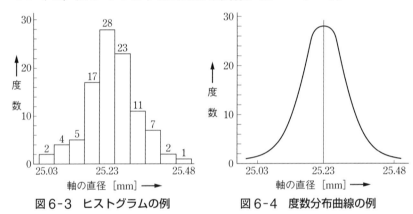

図 6-3　ヒストグラムの例　　　図 6-4　度数分布曲線の例

2. 度数分布曲線

度数分布曲線は，横軸に測定値の区間，縦軸にその区間の幅にはいる度数をとり，その点を滑らかに曲線で結んで描く（図 6-4）。

◀a▶ **度数分布曲線の形**　度数分布曲線のグラフを描くことにより，分布の中心の位置と中心からのばらつきの状況，集団の違いによる分布の特徴がよくわかる。

複数の異なる度数分布曲線を比較した例を図 6-5，図 6-6 に示す。

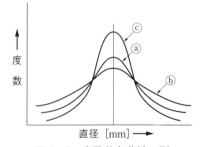

図 6-5　度数分布曲線の形

図 6-5 は，曲線ⓐとⓑの分布の中心の位置は等しく，ばらつきが異なる例である。同じ作業者が，2 台の異なる機械で軸を加工した場

合を考えると，ⓐは精度の高い機械で加工した度数分布曲線で，ⓑは，ⓐと比べばらつきが大きいから精度の低い機械によるものと推測できる。また，加工方法を改善したときや，ばらつきの原因に対して処置をとったときは，ばらつきは小さくなり，曲線ⓒのようになる。

◀b▶ **分布曲線の変動**　図6-6は，曲線ⓐとⓑのばらつきは等しいが，分布の中心の位置が異なる例である。旋盤加工などで，工具が摩耗していたときや，測定器のゼロ設定がまちがっている場合などに生じる現象で，ⓑの一部は，**規格の上限**❶の外に出ている。ⓒは工作機械の精度が落ちた場合などに起こる現象で，製品のばらつきが正の側にも負の側にも広がり，両側とも**規格限界**❷の外に出た例である。

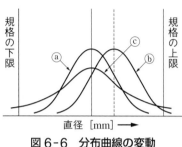

図6-6　分布曲線の変動

❶upper specification limit

❷specification limit
適合・不適合を決める境界のこと。規格の上限を**上側規格**(upper specification limit)，規格の下限を**下側規格**(lower specification limit)ともいう。
▶本章 p.89 参照。

❸population

❹設備や工具も機械に含まれる。

2　統計的品質管理の基礎

統計的品質管理は，標本の測定や試験の結果を通して，調査対象となる集団(**母集団**❸)の状態を知ることである。

統計的品質管理を行う場合は，まず，生産条件と環境を標準化することが必要である。すなわち，**作業者**(Man)，**材料**(Material)，**機械**(Machine)❹，**作業方法**(Method)，環境などを標準化し，検査方法を一定にしなければならない。この生産工程を構成する四つの要素を品質管理の 4M という。また，これに**計測**(Measurement)を加えて 5M❺ ということもある。品質管理では 4M や 5M を品質のばらつきを生じさせる要素ととらえ，標準化や改善のための重要項目としている。

❺品質管理での 5M は，「生産工程を構成する要素」の 5M であって，生産管理や企業会計で述べている「生産活動に必要な 5M」とは異なるので注意が必要である(▶第2章 p.17 図2-6，第4章 p.27，第10章 p.163 参照)。

1. 統計的品質管理

統計的品質管理は，統計学を有力な手段として，工場の保有する設計・生産などの技術能力を総合的に生かす手法である。

品質管理を統計的に進めるには，次のことに留意する。

①　仕事の結果には，必ずばらつきがあると認識する。

②　結果がばらつく原因には，いくつかの要因が影響を与えていることを把握する。

③　ばらつきを避けることができる原因，すなわち みのがせない原因を取り除く。

❶data
　測定対象から得られた測定値をいう。

　また，統計的な考え方では，必ず**データ**❶をとる。品質管理において，データをとる目的を示すと次のようになる。
　① 工程の管理では，工程の条件が標準どおりかどうかを調べる。
　② 工程の解析では，工程のどの条件を変えたらよいかをみいだす。
　③ 検査では，材料・部品・製品などの品質が不適合かどうか判断する。
　④ 品質の推定では，組成やサイズなどの品質特性を調べる。

2. 母集団とサンプル

　調べる対象となる特性をもつすべてのものの全体を**母集団**という。母集団の状況を知るために，母集団の中から抜き出して調べる対象を**サンプル**または**標本**とよぶ。サンプルは，母集団を正確に反映していることが大事で，サンプルから得られた結果が母集団に対してもいえる必要がある。

3. サンプリング

❷sampling
❸purpositive sampling
❹random sampling
　無作為抽出ともいう。母集団を構成している単位体あるいは単位量などが，いずれも同じ確率でサンプルに入るようにサンプリングすることをいう。

　母集団からサンプルをとることを**サンプリング**❷という。サンプリングには，**有意サンプリング**❸と**ランダムサンプリング**❹に大別できる。有意サンプリングは，ある意図・判断をもって，サンプルを選ぶことであるが，かたよりが発生しやすくむずかしい手法とされている。一般的に，品質管理では，正しく集団を代表するように，ランダムサンプリングが用いられる。

　ランダムサンプリングには，ロット全体をよく混合し，その一部を取り出す方法や，**乱数**❺を用いる方法がある。乱数を用いる方法では，**乱数表**❻，**乱数サイ**❼やコンピュータなどから乱数を求めて，その乱数に相当する番号の品物を抜き取る。

❺random number
❻table of random number
　乱数表（表6-3の全体）と乱数表の使い方はJIS Z 9031に示されている。

❼random number dice

表6-3　乱数表の一部（JIS Z 9031:2012による）

1	93 90 60 02 17 25 89 42 27 41 64 45 08 02 70 42 49 41 55 98
2	34 19 39 65 54 32 14 02 06 84 43 65 97 97 65 05 40 55 65 06
3	27 88 28 07 16 05 18 96 81 69 53 34 79 84 83 44 07 12 00 38
4	95 16 61 89 77 47 14 14 40 87 12 40 15 18 54 89 72 88 59 67
5	50 45 95 10 48 25 29 74 63 48 44 06 18 67 19 90 52 44 05 85
6	11 72 79 70 41 08 85 77 03 32 46 28 83 22 48 61 93 19 98 60

　母集団の状況に応じて，適切なサンプリング方法を選択することがたいせつである。代表的な四つのランダムサンプリング方法を示す。

❽simple sampling

◀a▶　単純サンプリング❽　　単純サンプリングは，母集団が均質の場合に，そのまま母集団からランダムサンプリングすることである。単

純ランダムサンプリングともいう。

◀b▶ 2段サンプリング❶　母集団がロットごとにいくつかの箱に分けられている場合，その中のいくつかの箱をサンプリングし，次に第2段として抜き取られた箱の中から，おのおのいくつかの単位体をサンプリングする。単純サンプリングより手間がかからない(図6-7)。

◀c▶ 層別サンプリング❷　母集団がいくつかの性質の異なる集団から構成されている場合，まず，母集団をいくつかの等質な層に分け，次に，各層から一つ以上のサンプリング単位をランダムにとる方法である。サンプリングの精度を高めたいときに用いる(図6-8)。

◀d▶ 集落サンプリング❸　母集団をいくつかの集落に分け，いくつかの集落をランダムに選び，選んだ集落に含まれるサンプリング単位をすべてとるサンプリング方法である(図6-9)。

❶two-stage sampling
　3段階以上に分けてサンプリングすることを**多段サンプリング**という。

❷stratified sampling
　層別は機械別，作業員別，材料別，作業場別，地域別などで分ける。
▶層別については，本章p.82で詳しく学ぶ。

❸cluster sampling
　集落(cluster)とは，同じ性質をもつ群れの意味。

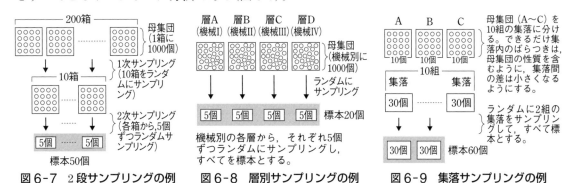

図6-7　2段サンプリングの例　　図6-8　層別サンプリングの例　　図6-9　集落サンプリングの例

4. 基本統計量

サンプルのデータから計算で求めた平均値や範囲などの数値を**基本統計量**といい，母集団の特徴を推定するために用いる。ここでは，分布の中心とばらつきなどを数量的に求める。

◀a▶ 分布の中心の表し方　ふつうは**平均値**❹を用いるが，**メディアン**❺を用いることもある。

(1) 平均値　分布の中心を表すには，算術平均で求められた平均値を用いる。たとえば，ねじの収納箱の中からランダムに選んだn個の質量を調べたところ$X_1, X_2, X_3, \cdots, X_n$であったとすれば，その平均値$\overline{X}$❻は，次のように求められる。

$$\overline{X} = \frac{1}{n}(X_1 + X_2 + X_3 + \cdots + X_n)$$

$\overline{X}$を**標本平均**❼という。なお，母集団の平均値を**母平均**❽という。

❹mean
❺median，**中央値**ともいう。

❻「エックスバー」と読む。

❼sample mean
❽population mean，μで表される。

(2) メディアン サンプルの数値を大きさの順に並べたとき，その中央にあたる数値をメディアンといい，Me で表す。サンプル数が偶数の場合は，中央の二つの数値の平均値がメディアンになる。

▶b▶ ばらつきの表し方 ばらつきとは，中心からのかたよりで，その大きさは標準偏差や範囲などで表す。

(1) 平方和 各測定値と平均値との差を**偏差**という。偏差の平方の総和を**平方和**といい，S で表す。平方和は，分布のばらつきの大きさを表し，次の分散や標準偏差を求めるのに用いる。

$$S = (X_1 - \overline{X})^2 + (X_2 - \overline{X})^2 + \cdots + (X_n - \overline{X})^2$$
$$= \Sigma(X_i - \overline{X})^2 \cdots (定義式)$$
$$= \Sigma X_i^2 - \frac{(\Sigma X_i)^2}{n} \cdots (計算式) ❶$$

(2) 分散と標準偏差 偏差の平方の平均を**分散**といい，分散の正の平方根を**標準偏差**という。

母集団に関する分散（**母分散**）の場合には σ^2 で，サンプルに関する分散（**標本分散**）の場合には s^2 で表す。母集団から標本として選ばれた n 個に関する値が $X_1, X_2, \cdots, X_n$ で，それらの平均値を $\overline{X}$ とするとき，標本分散 s^2 は，平方和 S を使って次の式で表される。

$$s^2 = \frac{1}{n}\{(X_1 - \overline{X})^2 + (X_2 - \overline{X})^2 + \cdots + (X_n - \overline{X})^2\} = \frac{S}{n}$$

しかし，このようにして求められる標本分散 s^2 の値は，平均的に母分散 σ^2 よりも小さくなる性質をもっている。そこで σ^2 の推定値を求める場合には，標本分散 s^2 に $\frac{n}{n-1}$ を掛けた**不偏分散**❹を用いる。不偏分散 V は，次のように表される。

$$V = s^2 \times \frac{n}{n-1} = \frac{S}{n} \times \frac{n}{n-1} = \frac{S}{n-1}$$

不偏分散 V は平均的にみて，$\hat{\sigma}^2$ に関するかたよりのない推定値である。**母標準偏差** σ のかたよりのない推定値 $\hat{\sigma}$（シグマハット）は次の式で表される。

$$\hat{\sigma} = \sqrt{V} = \sqrt{\frac{S}{n-1}}$$

(3) 変動係数 標準偏差を平均値で割った値を**変動係数**といい，CV で表される。

$$CV = \frac{s}{\overline{X}}$$

---

❶電卓で計算する場合は，この式のほうが使いやすい。定義式から計算式への式の変形手順を示す。
$\Sigma(X_i - \overline{X})^2$
$= \Sigma(X_i^2 - 2X_i\overline{X} + \overline{X}^2)$
$= \Sigma X_i^2 - 2\overline{X}\Sigma X_i + \overline{X}^2 \Sigma 1$
$= \Sigma X_i^2 - 2\overline{X}\Sigma X_i + n\overline{X}^2$
$= \Sigma X_i^2 - 2\frac{\Sigma X_i}{n}\Sigma X_i$
$\quad + n\left(\frac{\Sigma X_i}{n}\right)^2$
$= \Sigma X_i^2 - 2\frac{(\Sigma X_i)^2}{n}$
$\quad + \frac{(\Sigma X_i)^2}{n}$
$= \Sigma X_i^2 - \frac{(\Sigma X_i)^2}{n}$
（$\Sigma = \sum_{i=1}^{n}$ である。）

❷variance
❸standard deviation
❹unbiased variance
　かたよりがない分散という意味。
　式中の $n-1$ を自由度という。

変動係数は，ばらつきを相対的に表す。複数の母集団を比較する場合，測定値が大きい母集団のほうが標準偏差は大きくなる傾向があるが，変動係数を用いると，測定値の大小の影響を受けずに比較できる。

例題 1 次の10個のデータ，8, 13, 7, 5, 14, 7, 20, 5, 10, 7（単位 mm）について，平方和 S，不偏分散 V，標準偏差 s，変動係数 CV を求めよ。

解答
$$S = \Sigma X_i^2 - \frac{(\Sigma X_i)^2}{n}$$
$$= (5^2 + 5^2 + 7^2 + 7^2 + 7^2 + 8^2 + 10^2 + 13^2 + 14^2 + 20^2)$$
$$- \frac{(5+5+7+7+7+8+10+13+14+20)^2}{10} = 204.40 [\text{mm}^2]$$
$$V = \frac{S}{n-1} = \frac{204.40}{10-1} = 22.71 [\text{mm}^2]$$
$$s = \sqrt{V} = \sqrt{\frac{S}{n-1}} = \sqrt{22.71} = 4.766 [\text{mm}]$$
$$CV = \frac{s}{\overline{X}} = \frac{4.766}{9.6} = 0.496 = 49.6\%$$

(4) 範囲 測定値の**最大値**（$X\text{max}$）から**最小値**（$X\text{min}$）を引いた値を**範囲**といい，R で表す。おおまかなばらつきの程度がわかる。

❶ range

範囲は，データ数が少ないときによく用いられる。

$$R = X\text{max} - X\text{min}$$

例題 2 例題1のサンプルデータについて，平均値 $\overline{X}$，メディアン Me，範囲 R を求めよ。

解答
$$\overline{X} = \frac{X_1 + X_2 + X_3 + \cdots + X_n}{n}$$
$$= \frac{8+13+7+5+14+7+20+5+10+7}{10}$$
$$= 9.6 [\text{mm}]$$

小さい順に並べると，5, 5, 7, 7, 7, 8, 10, 13, 14, 20 であり，データ数が偶数である。よって，
$$Me = \frac{7+8}{2} = 7.5 [\text{mm}],$$
$$R = X\text{max} - X\text{min} = 20 - 5 = 15 [\text{mm}]$$

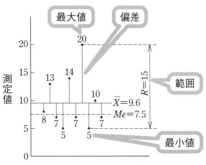

図6-10 例題2の図
（JIS Z 8101 から作成）

問 3 次の8個のデータ，58.25, 61.42, 59.37, 60.16, 60.88, 61.40, 58.74, 59.96（単位 mm）について，次の各値を求めよ。
(1) 平方和，(2) 分散，(3) 標準偏差，(4) 変動係数，(5) 平均値，
(6) メディアン，(7) 範囲

5. 正規分布

長さや重さのような**計量値**に分類される連続量は，正規分布に従う。

❶式中の μ は母集団の平均，π は円周率(3.141…)，e は自然対数の底(2.718…)。

❷normal distribution

❸normal distribution curve

平均値 μ が同じでも，標準偏差 σ (ばらつき)の大きさによって，図のように正規分布曲線の形が異なる。

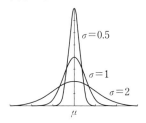

測定の数をひじょうに多くし，かつ測定値の区間の幅を狭くして数を増すと，度数分布曲線の形は，図6-11 のような左右対称の山形の曲線に近づいてくる。この曲線は，次の式で近似的に表すことができる。

$$y = \frac{1}{\sqrt{2\pi}\sigma} e^{-\frac{(x-\mu)^2}{2\sigma^2}}$$

この式で表される分布を**正規分布**といい，この曲線を**正規分布曲線**という。

正規分布で表される場合は，平均値 μ と標準偏差 σ の二つの値がわかれば，どのくらいの大きさのデータが，どのくらいの割合(確率)で出てくるかが推定できる。

すなわち，図6-12 の片側の A の部分の曲線内全体に対する面積比は，表6-4 のように k の値によって変わる。

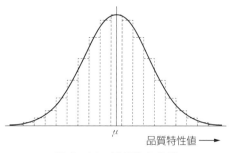

図6-11 正規分布曲線

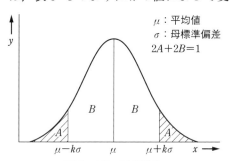

図6-12 正規分布

表6-4 正規分布表

k	曲線内全体に対する片側のAの部分の面積比
1	0.15865525
2	0.02275013
3	0.00134989
4	0.0000316712
5	0.0000002867
6	0.000000000987

例題 3 同じロットの多数の鋳造部品について，その質量を測定したところ，正規分布に近似で，平均値 μ は 300 g，標準偏差 σ は 5 g であった。$\pm \sigma$ の範囲において，部品の質量の範囲と全体に占める割合を求めよ。

解答 $\mu \pm k\sigma$ を $k = 1$ の場合について求めると，

$$300 - 1 \times 5 = 295, \quad 300 + 1 \times 5 = 305$$

したがって，$\pm \sigma$ の範囲は 295 g〜305 g である(図6-13)。また，全体に占める部品の割合は，表6-4 より，$k = 1$ のとき $A \fallingdotseq 0.1587$ であるから，

$$1 - 0.1587 \times 2 = 0.6826 \quad \text{すなわち，} 68.26 \% \text{になる。}$$

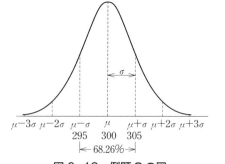

図6-13 例題3の図

問 4 例題 3 において，$\pm 2\sigma$，$\pm 3\sigma$ の間にある部品の質量の範囲と全体に占める割合を求めよ。

問 5 ある品質特性値 x が，$\mu = 50$，$\sigma = 5$ の正規分布に従って分布するとき，$x \geqq 60$ および $x \geqq 70$ となる確率を求めよ。

3 QC 七つ道具

統計的品質管理で得たデータを目的に合わせて処理し改善するために，**QC 七つ道具**❶とよばれる**グラフ，チェックシート，ヒストグラム，散布図，層別，パレート図，特性要因図，管理図**の手法が用いられる。

QC 七つ道具は数値データをおもに扱い，問題を視覚化し原因の追究や対策など行う手法である。一方，言語データから問題を解決するための**新 QC 七つ道具**❷とよばれる手法がある。

■ 1. グラフ

データの大きさや変化などを図形で表すことによってわかりやすくしたものを**グラフ**という。数値データだけではわかりにくいが，グラフを用いると視覚化できる。グラフには，折れ線グラフ，棒グラフ，円グラフ，レーダーチャート，帯グラフ❸，ガントチャート❹などがある。表 6-5 に，おもなグラフとその特徴を示す。

❶左記の八つの手法が含まれているが，グラフと管理図を一つに数えて，七つ道具といわれている。
❷▶本章 p.93 コラム参照。
❸全体が長方形で描かれたグラフで，中は各値の割合で区切られている。おのおのの長さが全体を占めるその値の割合を表している。
時系列的に上下に並べることにより，割合の変化がよくわかる。
▶第1章 p.4 図 1-2 参照。
❹▶第4章 p.34, 49 参照。

表 6-5 グラフの例と特徴

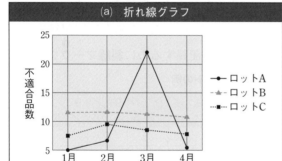

(a) 折れ線グラフ

横軸に時間，縦軸に値をとって点を打ちその点を直線で結んだもの。時間的推移がよくわかる。複数の要素の表示も可能なので，比較もできる。

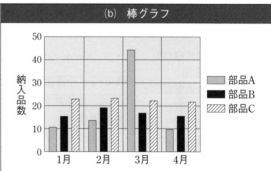

(b) 棒グラフ

各項目の値を幅の同じ長方形の長さで表したもので，縦形と横形があり，値の大小がよくわかる。項目を年などの時間軸にすれば，時間による値の推移もわかる。

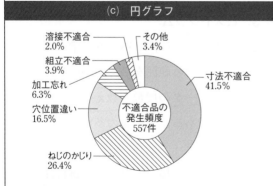

(c) 円グラフ

円を各項目の値に比例する角度で区切り，扇形の大きさで割合の内訳を示したもの。項目の割合がわかりやすい。

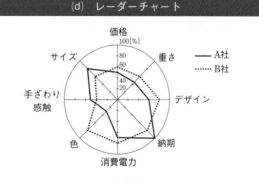

(d) レーダーチャート

中心から項目ごとに引いた放射状の直線上に値をとり，その点を直線で結んだもの。項目別に比較がしやすい。

2. チェックシート

データ収集や点検・確認に利用し，分類項目のどこに集中しているかをみやすくした表を**チェックシート**という。あらかじめ調査項目を記入した用紙に調査時に調査結果をただちに記入していく。チェックシートを使うと，データを容易にかつ迅速にとることができる。**点検用チェックシート**は，不適合箇所や設備点検などの記録に用いるシートで，あらかじめチェック項目を記入しておき，状況を◎や○，×などで記入する。表6-6に，設備点検用チェックシートの例を示す。

表6-6 設備点検用チェックシートの例

区分　　　点検箇所	点検者（　　　　　印）			不具合箇所の程度	措置日
	点検実施月日				
	点検項目	評価			
主軸	異音はしないか	×		高速回転のとき	○月○日
チャック	振れはないか	○			

データ収集用チェックシートには，たとえば，調査項目の欄に不適合原因を記入し，不適合が起きるたびに該当欄にチェックしていくものや度数分布記録用などがある。表6-7に，不適合原因記録用チェックシートの例を示す。データ数を記録するのに**斜線マーク**❶を用いる。

❶▶本章 p.71 側注❷参照。
❷▶本章 p.72 参照。
❸品質特性を数値で表したもので，長さや重さなどの測定値などをいう。
▶「品質特性」は本章 p.70 参照。
❹規格の上限を**上側規格**，規格の下限を**下側規格**という。▶本章 p.73 参照。

表6-7 不適合原因記録用チェックシートの例

調査日　不適合項目	9/1	9/2	9/3	9/4	9/5	9/6	9/7	合計
ねじのかじり	///		////			//	/	11
穴位置違い		//		////	///			10
加工忘れ	////	///			//	////		15
溶接不適合	/		/	////			////	11
合　計	9	5	6	9	5	7	6	47

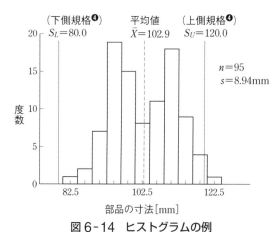

図6-14 ヒストグラムの例

3. ヒストグラム

ヒストグラム❷とは，72ページで学んだように，データの存在する範囲をいくつかに分け，各区間にはいるデータの度数を数えて，柱状グラフにしたものである。データの多い場合の視覚化の一手法で，データは50個以上が望ましい。

ヒストグラムを描くことで，**品質特性値**❸と規格との関係やばらつきの状態や分布の状況を明確に知ることができる。

たとえば，図6-14のヒストグラムから次のような情報が得られる。
① 規格の中心（100.0）❶より，平均値は少し大きい。
② 上側規格の値を飛び出しているものがあり，ばらつきが大きすぎる。
③ ヒストグラムの形はふた山あるので，二つの異なる集団が混在していると考えられる。

❶ $\dfrac{80.0 + 120.0}{2} = 100.0$

ヒストグラムは表6-8のようにいくつかの形に分類できる。図6-14のヒストグラムは表6-8に示すふた山であることがわかる。

表6-8 ヒストグラムで現れるおもな分布の形と特徴・原因

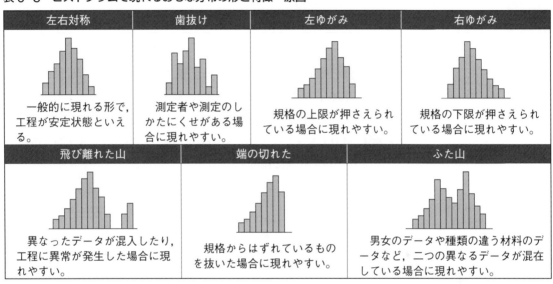

4. 散布図

散布図❷とは，2種類の変量データのばらつきや相関関係をみるために，対になったデータを点で示したものをいう。

x と y のデータのうちの一方のデータが増加すると，他方も増加する関係を，**正の相関がある**という。また，一方のデータが増加すると，他方が減少する関係を**負の相関がある**という。

相関係数❸ r は，相関の関係性を数値で表したもので，次式で求められ，r の値は $-1 \leqq r \leqq 1$ にある。

$$r = \dfrac{S(x, y)}{\sqrt{S(x, x) \times S(y, y)}}$$

ただし，$S(x, x) = \Sigma x_i^2 - \dfrac{(\Sigma x_i)^2}{n}$,

$S(y, y) = \Sigma y_i^2 - \dfrac{(\Sigma y_i)^2}{n}$,

$S(x, y) = \Sigma x_i y_i - \dfrac{(\Sigma x_i)(\Sigma y_i)}{n}$

❷ scatter diagram
2種類の変量データ例として，温度と硬度，材料投入量と粘度などがある。

❸ correlation coefficient
相関係数は，分布の広がりを表す。分布の中心を示す線を**回帰直線**という。▶本章 p.83 参照。

表6-9はxとyのデータの関係を示したもので，おもな散布図の形と状態・関係を示している。

表6-9　おもな散布図の形と状態・関係

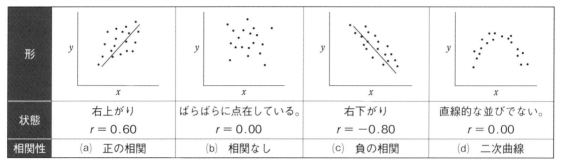

形				
状態	右上がり $r = 0.60$	ばらばらに点在している。 $r = 0.00$	右下がり $r = -0.80$	直線的な並びでない。 $r = 0.00$
相関性	(a) 正の相関	(b) 相関なし	(c) 負の相関	(d) 二次曲線

例題 4　次の5組のデータ，$(x, y) = (2, 2)$, $(4, 3), (8, 9), (5, 4), (9, 12)$について，散布図を描き，相関係数を求めよ。

No.	x	y	x^2	y^2	xy
1	2	2	4	4	4
2	4	3	16	9	12
3	8	9	64	81	72
4	5	4	25	16	20
5	9	12	81	144	108
計	28	30	190	254	216

解答　計算しやすいように，右の表を作成し，その値を計算に利用する。

$$S(x, x) = \Sigma x_i^2 - \frac{(\Sigma x_i)^2}{n} = 190 - \frac{28^2}{5} = 33.2$$

$$S(y, y) = \Sigma y_i^2 - \frac{(\Sigma y_i)^2}{n} = 254 - \frac{30^2}{5} = 74.0$$

$$S(x, y) = \Sigma x_i y_i - \frac{(\Sigma x_i)(\Sigma y_i)}{n}$$

$$= 216 - \frac{28 \times 30}{5} = 48.0$$

相関係数 $r = \dfrac{S(x, y)}{\sqrt{S(x, x) \times S(y, y)}}$

$$= \frac{48.0}{\sqrt{33.2 \times 74.0}} = 0.968$$

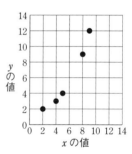

図6-15　例題4の図

5. 層別

一つの集団をある特徴によって同じものをまとめ，異なるものを分けることを**層別**❶という。たとえば，作業者別，機械・設備別，作業方法別あるいは原材料別などのようにデータの共通点や特徴をもつグループに分ける。分けたそれぞれの集団を**層**❷という。

表6-10のようにデータを区別して比較することにより，問題の原因は何かが明確になるので，層別はデータを調べるうえでたいせつな考え方である。層間のばらつきに違いがあれば，層内のばらつきの大きいものから重点的にそれを小さくするような手段を講ずる。

❶ stratification
❷ stratum

表6-10 層別の対象と項目

No.	層別の対象	項目の例
1	作業者別	個人,性別,年齢,新人・ベテランなどの経験年数
2	機械・設備別	機種,位置,新旧,号機,型式,性能,工場ライン,治工具,金型,ダイス
3	作業方法・作業条件別	作業方法,作業場所,ロット,サンプリング,誤差,温度,圧力,速度,回転数,方式
4	原材料別	メーカ,購入先,購入時期,銘柄,納入時期,受入ロット,製品ロット,成分,サイズ,部品,貯蔵,期間,貯蔵場所
5	環境・天気・気象別	気温,温度,湿度,雨期,乾期,照明
6	その他	新製品,従来品,初物,適合品,不適合品,包装,運搬方法

散布図と度数分布曲線の場合について,層別した例をみてみよう。

◀a▶ **散布図の例** 図6-16(a)のように,相関関係がないとみえる場合であっても,層別することにより正の相関であることがわかる場合がある。

逆に,図(b)のように,正の相関にみえても,層別することにより各グループでは,相関がないことがわかる場合もある。

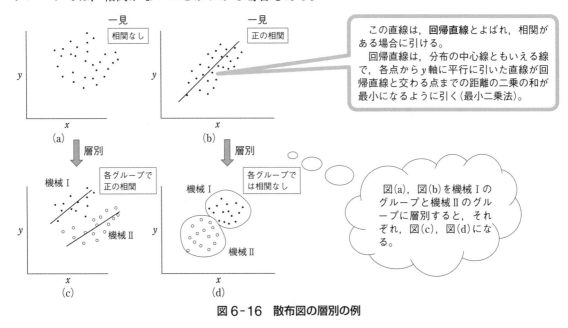

図6-16 散布図の層別の例

◀b▶ **度数分布曲線の例** 三つの層を含む製品集団があるとすると,全集団のばらつきは図6-17(a)のように大きくなるが,これを図(b)のように機械別に層別すると,各層の品質のばらつきは小さく,各層の分布の中心に差があることがわかる。

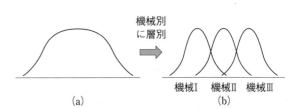

図6-17 母集団のばらつきと層別したときの例

6. パレート図

表6-11は，1か月間の不適合品を層別して，原因別度数と度数の多い原因から順に合計した累積度数を求めたものである。

図6-18のように，件数の多いものから順に並べて棒グラフを描き，累積百分率を折れ線グラフで記入した図を**パレート図**❶という。

これにより，「重点課題は何か」が一目でわかり，改善に取り組むことができる。このような分析方法を**パレート分析**❷という。

❶Pareto diagram
　パレートはイタリアの経済学者の名前。
❷Pareto analysis
　重点課題に着目して問題解決に取り組む考え方を**重点指向**という。

表6-11　不適合品の発生度数

不適合の原因	度数	相対度数(%)	相対累積度数(%)
寸法不適合	231	41.5	41.5
ねじのかじり	147	26.4	67.9
穴位置違い	92	16.5	84.4
加工忘れ	35	6.3	90.7
組立不適合	22	3.9	94.6
溶接不適合	11	2.0	96.6
その他	19	3.4	100.0
合　計	557	100.0	

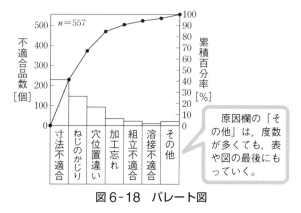

原因欄の「その他」は，度数が多くても，表や図の最後にもっていく。

図6-18　パレート図

問6　表6-11の度数を上から，200, 150, 90, 35, 20, 10, 25としたときのパレート図を描いてみよ。

7. 特性要因図

品質特性や製造条件に影響を及ぼすと考えられる要因を魚の骨のような図に表し，体系的にまとめた図を**特性要因図**❸という（図6-19）。これを解析することによって品質特性のばらつきの原因を発見し，その対策を立てるのに役立てることができる。

特性要因図を作成するには，問題となっている品質特性と不適合集団との関連要因を考えるうえで重要な要因（機械，材料，作業者，工作方法，計測の5Mや環境など）を大骨に記入し，さらに原因を考えて，中骨，小骨を記入していく（図6-20）。❹

❸cause and effect diagram

❹図6-19では，「切削寸法」が品質特性に相当し，□内の計測，工作方法，環境，機械が重要な要因に相当する。
❺fish bone diagram

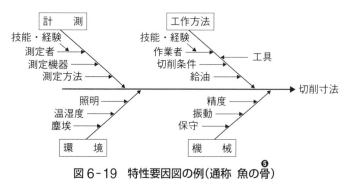

図6-19　特性要因図の例（通称　魚の骨）❺

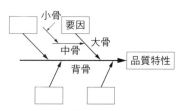

図6-20　特性要因図の構造図

8. 管理図

生産工程を経て，できあがった製品の品質には，ばらつきがある。これは工程に何らかの変動が生じているからである。この変動を区別し，悪い原因を取り除き，工程を安定させるために，図6-21に示すような**管理図**がつくられ調べられる。管理図は，縦軸を測定値，横軸を時間軸とし，測定値を折れ線で結んだもので，生産工程の諸条件をよく管理された状態に保つために用いられる。

❶変動には，偶然原因によるものと異常原因によるものとがある。異常原因を取り除く必要がある。

❷control chart

◀a▶ **管理図による品質管理** 管理図を用いて工程を管理する管理図法は，統計的品質管理の中で最も効果のある方法の一つである。

管理しようとする品質特性値の分布に**上方管理限界**および**下方管理限界**を設け，測定値がその内側にある場合は安定な管理状態（図(a)）にあり，図(b)のように外側へ出た場合は工程に異常が起こっていると判断し，つねに工程が安定した状態になるように管理する。

❸upper control limit

❹lower control limit

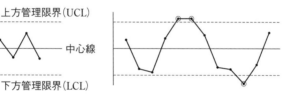

(a) 安定な状態　　　　(b) 安定ではない状態

図6-21　管理図の概略図

◀b▶ **管理図の種類** 品質特性の種類によって，使用される管理図は，**計量値用管理図**と**計数値用管理図**に大別される。**計量値**とは，長さや重さなどのように連続量として測定できるものをいい，正規分布を仮定している。一方，**計数値**とは，製品のしみや傷などの不適合数のよ

表6-12　おもな管理図の種類

品質特性の種類（データの種類）		使用される管理図	内　容
計量値	長さ・重さ・強さ・純度・温度・電圧・電流・時間・成分など	$\overline{X} - R$ 管理図 メディアン管理図 X 管理図	生産工程の特性が，長さ・強度・純度・温度・時間・生産量などの管理に用いる。たとえば，軸の直径，焼入れのかたさ，薬品の純度，電気抵抗，加工時間など。
計数値	不適合品率	p 管理図	p 管理図は製品の中に何個の不適合品があるかという不適合品率の状態を調べる場合に用いる。たとえば，鋼板100枚中の不適合品の枚数。np 管理図はサンプルの大きさが等しい場合の不適合品数によって管理する場合に用いる。
	不適合品数	np 管理図	
	不適合数	c 管理図	c 管理図はある一つの製品の中に不適合数が何か所あるかという状態を調べる場合に用いる。たとえば，鋼板1枚の中の割れ，傷などの数。u 管理図は単位あたりの不適合数によって管理する場合に用いる。
	単位あたりの不適合数	u 管理図	

❶本章 p.92 参照。
❷$\bar{X}$ chart
❸R chart
❹Upper Control Limit の略。
❺Lower Control Limit の略。
❻$\bar{X}$の平均である。「エックスダブルバー」と読む。
❼標本のデータ数を示す。
❽R管理図において，$n \leq 6$の場合，LCL（下方管理限界）は存在しないとされている。この場合のD_3には，0.000でなく，－（バー）を記載している場合が多い。

うな不連続数，または不適合品率（不適合品数と総数の比）などをいい，二項分布❶を仮定している。使用されるおもな管理図の種類を表6-12に示す。

◀c▶ $\bar{X} - R$管理図 $\bar{X} - R$管理図は，平均値の変化を管理する$\bar{X}$管理図❷と，ばらつきの変化を管理するR管理図❸からなる。

管理限界は，表6-13と次の式によって求めることができる。

$\bar{X}$管理図

上方管理限界(UCL)❹ $= \bar{\bar{X}}$❻ $+ A_2 \bar{R}$

下方管理限界(LCL)❺ $= \bar{\bar{X}} - A_2 \bar{R}$

R管理図

上方管理限界(UCL) $= D_4 \bar{R}$

下方管理限界(LCL) $= D_3 \bar{R}$

表6-13 管理限界線計算用係数
（JIS Z 9021:1998 より抜粋）

群内のサンプルの大きさ❼n	$\bar{X}$管理図	R管理図	
n	A_2	D_3	D_4
4	0.729	−❽	2.282
5	0.577	−	2.114
6	0.483	−	2.004
7	0.419	0.076	1.924

表6-14 $\bar{X} - R$管理図データシートの例（JIS Z 9021-1954 から作成）

製品名称	TT型軸	製造命令番号	13-015	期間	○.9.1～○.9.10
品質特性	外径10.0mm	職場	第2工場	期日	
測定単位	1/1000mm	標準日産高	980	機械番号	L32-198
規格限界 最大	10.070	標本 大きさ	5	作業員	○○○○
規格限界 最小	10.000	標本 間隔	1時間ごと	検査員印	△△△△ 印
規格番号	46119	測定器番号	14		

日時	群の番号	測定値 [単位1/1000mm]					計 ΣX	平均値 $\bar{X}$	範囲 R	摘要
		X_1	X_2	X_3	X_4	X_5				
	1	47	32	44	35	20	178	35.6	27	
	2	19	37	31	25	34	146	29.2	18	
	3	19	11	16	11	44	101	20.2	33	
	4	29	29	42	59	38	197	39.4	30	
	5	28	12	45	36	25	146	29.2	33	
	6	40	35	11	38	33	157	31.4	29	
	7	15	30	12	33	26	116	23.2	21	
	8	35	44	32	11	38	160	32.0	33	
	9	27	37	26	20	35	145	29.0	17	
	10	23	45	26	37	32	163	32.6	22	
	11	28	44	40	31	18	161	32.2	26	
	12	31	25	24	32	22	134	26.8	10	
	13	22	37	19	47	14	139	27.8	33	
	14	37	32	12	38	30	149	29.8	26	
	15	25	40	24	50	19	158	31.6	31	
	16	7	31	23	18	32	111	22.2	25	
	17	38	0	41	40	37	156	31.2	41	
	18	35	12	29	48	20	144	28.8	36	
	19	31	20	35	24	47	157	31.4	27	
	20	12	27	38	40	31	148	29.6	28	
	21	52	42	52	24	25	195	39.0	28	
	22	20	31	15	3	28	97	19.4	28	
	23	29	47	41	32	22	171	34.2	25	
	24	28	27	22	32	54	163	32.6	32	
	25	42	34	15	29	21	141	28.2	27	
						計	746.6		686	

$\bar{X}$管理図

$\Sigma \bar{X} = 746.6$ $\bar{\bar{X}} = \dfrac{746.6}{25} = 29.86$

UCL $= \bar{\bar{X}} + A_2 \bar{R} = 45.69$

LCL $= \bar{\bar{X}} - A_2 \bar{R} = 14.03$

R管理図

$\Sigma R = 686$ $\bar{R} = \dfrac{686}{25} = 27.44$

UCL $= D_4 \bar{R} = 58.01$

LCL $= D_3 \bar{R} = -$

管理限界線を計算するための係数

n	A_2	D_4	D_3
5	0.577	2.114	−

① 群ごとに$\bar{X}$とRを求める。$\bar{X}$は測定値のけたより1けた下まで。
② $R = $最大値－最小値。

このデータシートの値は，測定値から10.0mmを引き，1000倍したものである。したがって，47と記してあるのは10.047mmを意味する。

（データの変換）

③ $\bar{X}$の平均値の$\bar{\bar{X}}$を求める。$\bar{\bar{X}}$は測定値のけたより2けた下まで。
④ Rの平均値の$\bar{R}$を求める。$\bar{R}$はRのけたより2けた下まで。

⑤ $\bar{X}$の管理限界を求める。
⑥ Rの管理限界を求める。

表6-14の$\overline{X}-R$管理図データシートから$\overline{X}-R$管理図をつくると，図6-22のようになる。

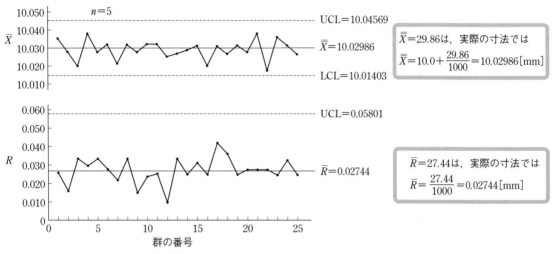

図6-22 $\overline{X}-R$管理図の例（JIS Z 9021-1954から作成）

次ページの参考「管理図のみかた」のルール①〜⑧に該当しないので，安定状態であるといえる。

問7 群内のサンプルの大きさnが5，群の数20について，$\overline{\overline{X}}=58.19$，$\overline{R}=3.32$がわかっている。この場合の$\overline{X}$管理図のUCL（上方管理限界）とLCL（下方管理限界）およびR管理図のUCLを求めてみよ。

Column　シックスシグマ

標準偏差σは分布のばらつきを表すので，品質管理では品質不適合や工程内の異常を判断する値として用いている。これまで，正規分布する品質特性値は，生産活動が正常に行われている場合はほとんど$\pm 3\sigma$に入るので，3シグマ法の管理図が用いられている。3シグマ法の管理図では，$\pm 3\sigma$の位置に上方・下方管理限界線を引くようになっている（p.85 図6-21 および p.88 図①〜⑧参照）。

シックスシグマとは，1980年代に，米国モトローラ社が開発した品質管理手法のことで，顧客指向の経営手法という側面をもつ。ICや半導体，LSIなどの欠陥の発生率を極力抑えようとする企業で採用され，顧客に対する品質保証において，製品の欠陥率を100万分の3.4（品質特性値の6σ内）に抑えることを目標としている。

❶$6\sigma$の外に出る確率は，図6-22と表6-14からわかるように，約10億分の1とひじょうに小さいので，実際のシックスシグマでは，範囲が4.5σの確率を用いている。

❖ 参考　管理図のみかた (①〜⑧ は JIS Z 9021:1998 から作成) ❖

工程の状態を表す特性値をとって管理図をつくると，管理図により工程が統計的管理状態にあるかどうかがわかる。$\bar{X}$ 管理図の場合について考えてみよう。

工程の統計的管理状態とは，異常原因による有意義なばらつきがみられないことで，次の(a)，(b)を満たしているとき，その工程は統計的管理状態にあるということができる。

(a)点が管理限界内にあること。(b)点が管理限界内にあっても，点の散らばり方に「**くせ**」がないこと。つまり，点は偶発的に点在すると考え，点の並び方に規則性があってはならない。

ここで，点の並び方の「くせ」とは，次の図に示すような点の並び方のことで，下記のルール①から⑧まで示した点の並び方が1項目でも該当すれば，「くせ」があると判断する。また，図中のA，B，Cの領域は，3シグマ法の管理図なので，$\bar{\bar{X}}$ の線を基準に上下対称に 1σ ずつC，B，Aと領域を設けている。

① 1点が領域Aを超えている。

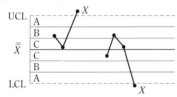

② 9点が中心線に対して同じ側にある。

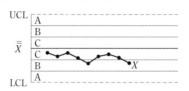

③ 6点が増加または減少している。

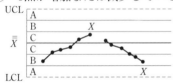

④ 14の点が交互に増減している。

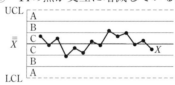

⑤ 連続する3点中，2点が領域Aまたはそれを超えた領域にある。

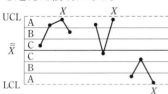

⑥ 連続する5点中，4点が領域Bまたはそれを超えた領域にある。

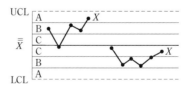

⑦ 連続する15点が領域Cに存在する。

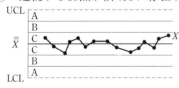

⑧ 連続する8点が領域Cを超えた領域にある。

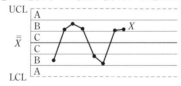

❶ process capability chart

(1) 工程能力図　**工程能力図**❶とは，個々の測定値を時間順にプロットし，規格の上限と規格の下限を記入した図で，$\bar{X}-R$ 管理図のように点は線で結ばない。分布の中心やばらつきはわかり

にくいが，工程の状態を早く判定したいときに用いる。

工程能力を判断するために，点が規格線の外に飛び出さないか，点の散らばり方に「くせ」がないかをチェックする。

規格値に対する工程能力を表すため，次の工程能力指数が使われる。

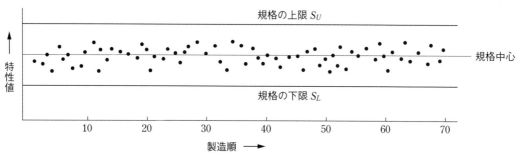

図6-23 工程能力図の例(JIS Z 9041-1:1999から作成)

(2) 工程能力指数 工程能力指数C_Pとは，$\overline{X} - R$管理図で統計的管理状態が保持されているとき，どの程度のばらつきで製品をつくる能力があるかをみるための指標である。製品の規格が上または下側にしかない場合は，上または下側のみのC_pを用いる。また，規格の中心が平均値とずれている場合は，平均のかたよりを考慮した場合のC_{pk}を用いる。

❶process capability index

工程能力指数は，次の式で求める。ここで，S_U：上側規格，S_L：下側規格，s：標準偏差をそれぞれ示す。

両側規格の場合：$C_p = \dfrac{S_U - S_L}{6s}$，❷

上側規格のみの場合：$C_p = \dfrac{S_U - \overline{X}}{3s}$，

下側規格のみの場合：$C_p = \dfrac{\overline{X} - S_L}{3s}$，

平均のかたよりを考慮した場合：$C_{pk} = \min\left(\dfrac{S_U - \overline{X}}{3s}, \dfrac{\overline{X} - S_L}{3s}\right)$ ❸

❷上側規格(S_U)と下側規格(S_L)との差を**公差**という。

❸ $\dfrac{S_U - \overline{X}}{3s}$と$\dfrac{\overline{X} - S_L}{3s}$の小さいほうという意味。

表6-15に，工程能力指数C_pと工程の状態の関係を示す。

表6-15 工程能力指数C_pと工程の状態

C_Pの値	工程の状態(工程能力有無の判断)	公差と標準偏差の大きさの関係
$C_P < 1.00$	常時不適合品が発生し，対策が必要。	$S_u - S_L < 6s$
$1.00 \leq C_P < 1.33$	工程能力は十分ではないが，まずまずである。	$6s \leq S_u - S_L < 8s$
$1.33 \leq C_P$	良好な工程であり，不適合品はほとんどない。	$8s \leq S_u - S_L$

この関係を図6-24で表す。

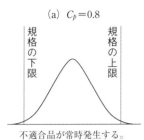
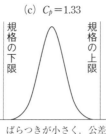
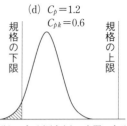

(a) $C_p=0.8$ 不適合品が常時発生する。

(b) $C_p=1.1$ 不適合品がときおり発生する。ばらつきが公差内にほぼ収まっている。

(c) $C_p=1.33$ ばらつきが小さく,公差内に完全に収まっている。不適合品はほとんどない。

(d) $C_p=1.2$, $C_{pk}=0.6$ ばらつきは(b)と(c)の中間であるが,規格中心と平均値がずれている。不適合品がかたよって発生する。

図6-24 工程能力指数 C_p と工程の状態(JIS Z 9041-1 :1999 から作成)

問8 完成した部品から100個抜き出し,寸法を測定したら,平均値が8.00 mm,標準偏差が1.80であった。規格値が12.00±6.00 mmである場合,C_p と C_{pk} を計算してみよ。

(d) p 管理図 p 管理図❶は,工程を**不適合品率**❷によって管理するための管理図である。管理する項目として,不適合品数の割合,すなわち不適合品率 p を扱う場合に用いる。p の平均を $\bar{p}$ とすれば,

中心線　$\bar{p} = \dfrac{\text{不適合品数の総和}}{\text{検査個数の総和}} = \dfrac{\Sigma np}{\Sigma n}$

管理限界　$\bar{p} \pm 3\sqrt{\dfrac{\bar{p}(1-\bar{p})}{n}}$❸

(n：サンプルの大きさ❹　　np：サンプル中の不適合品数)

負のときは下方管理限界は考えない。

例題5 ある塗装された部品の外観不適合を検査したとき❺,表6-16のようであった。この p 管理図を作成せよ。

表6-16 p 管理データシート

群	試料の大きさ n	不適合品数 np	不適合品率 p	群	試料の大きさ n	不適合品数 np	不適合品率 p
1	100	3	0.03	14	100	0	0.00
2	100	2	0.02	15	100	2	0.02
3	100	0	0.00	16	100	2	0.02
4	100	4	0.04	17	100	0	0.00
5	100	2	0.02	18	100	5	0.05
6	100	2	0.02	19	100	1	0.01
7	100	3	0.03	20	100	2	0.02
8	100	3	0.03	21	100	2	0.02
9	100	2	0.02	22	100	2	0.02
10	100	5	0.05	23	100	0	0.00
11	100	1	0.01	24	100	6	0.06
12	100	3	0.03	25	100	2	0.02
13	100	1	0.01	計	2 500	55	

❶ p chart (proportion chart)
❷ proportion of nonconforming items
❸ p の値がきわめて小さい場合(たとえば0.05以下)は,管理限界を次のようにしてもよい。
$\bar{p} \pm 3\sqrt{\dfrac{\bar{p}}{n}}$
❹ サンプルの大きさは必ずしも一定でなくてもよい。
❺ 外観不適合の検査のように,人間の感性(視覚,聴覚,触覚など)を用いて行う検査を**官能検査**という。

[解答] $\bar{p} = \dfrac{55}{25 \times 100} = 0.022 = 2.2\,\%,$

$\text{UCL} = \bar{p} + 3\sqrt{\dfrac{\bar{p}(1-\bar{p})}{n}} = 0.022 + 3 \times \sqrt{\dfrac{0.022 \times (1-0.022)}{100}}$

$= 0.066 = 6.6\,\%,$

$\text{LCL} = \bar{p} - 3\sqrt{\dfrac{\bar{p}(1-\bar{p})}{n}} = 0.022 - 0.044$

$= -0.022\,(\text{LCL は値が負のため考えない})$

このデータから管理図をつくると，図6-25 のようになる。

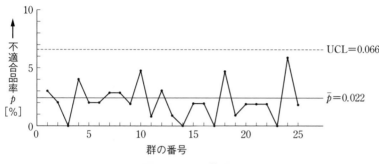

図6-25 p 管理図

◀e▶ np 管理図　　np 管理図❶は，工程を不適合品数 np によって管理するための管理図である。不適合品数を調べるサンプルの大きさが等しい場合に用いる管理図で，**不適合品数の管理図**ともいう。

管理中心線(平均不適合品数)および管理限界は，次のとおりである。

中心線　　$n\bar{p} = \dfrac{\text{不適合品数の総和}}{\text{群の数}} = \dfrac{\Sigma np}{k}$

管理限界　　$n\bar{p} \pm 3\sqrt{n\bar{p}(1-\bar{p})}$

　　Σnp：不適合品数の総和　　k：群の数

❶ np chart (number of nonconforming items chart)

例題 6　　ある工程で部品の表面処理加工を行っている。この工程を np 管理するための UCL，LCL を求めよ。ただし，試料の大きさ $n = 150$ 個，群の数 $k = 25$，不適合品数 np の総和は 80 とする。

[解答] $n\bar{p} = \dfrac{80}{25} = 3.20,$

$\bar{p} = \dfrac{\text{不適合品数の総和}}{\text{検査個数の総和}} = \dfrac{\Sigma np}{\Sigma n} = \dfrac{80}{150 \times 25} = 0.021$

UCL は，$n\bar{p} + 3\sqrt{n\bar{p}(1-\bar{p})} = 3.20 + 3\sqrt{3.20 \times (1-0.021)} = 8.5$ ❷

LCL は，$n\bar{p} - 3\sqrt{n\bar{p}(1-\bar{p})} = 3.20 - 5.31 = -2.11$

LCL は，値が負になるから考えない(マイナスの不適合品数はない)。

❷ 小数点以下1けたとする。

問9　$\bar{p} = 0.05$，$n = 120$ の場合，p 管理図の管理限界を求めてみよ。

問10　ある機械工場のめっき部品の製造工程から，$n = 120$ 個ずつ 25 群とって検査したところ，不適合品が全部で 50 個あった。この場合の np 管理図の管理限界を調べてみよ。

Column 二項分布(binominal distribution)

長さや，重さのような**計量値**に分類される連続量は正規分布(p.77 参照)に従うが，**計数値**のうちの不適合品数や不適合品率は**二項分布**に従う。

抜取検査において，不適合品率 p のロットから，n 個サンプリングするとき，サンプルに不適合品が x 個含まれる割合（確率）$P(X=x)$❶は，次の二項分布に従うことが知られている。

$$P(X=x) = {}_nC_x p^x (1-p)^{n-x} = \frac{n!}{x!(n-x)!} p^x (1-p)^{n-x} \quad (x=0,1,2,\cdots n,\ 0<p<1)$$

nCx は n 個の中から x 個を選ぶときの組合せの数で，**二項係数**という。$n!$ は n の階乗と読み，$n! = n \times (n-1) \times (n-2) \times \cdots \times 2 \times 1$ を意味する。たとえば，$4! = 4 \times 3 \times 2 \times 1$ である。さらに，$0! = 1$ と定められている。

図 6-26 は，不適合品率 $p=0.1$，サンプルのデータ数 $n=10, 50, 100$ の場合について，x と $P(X=x)$ の関係を図示したグラフである。n が大きくなるにつれて正規分布に近づくことがわかる。また，二項分布での平均は np で，標準偏差は $\sqrt{np(1-p)}$ で求められる。

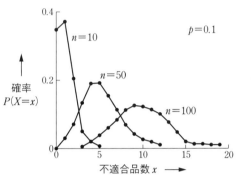

図 6-26 二項分布のグラフ

図で，サンプル数 $n=50$ の場合，不適合品数の平均は $np = 50 \times 0.1 = 5$[個]，標準偏差は $\sqrt{50 \times 0.1 \times (1-0.01)} = 2.12$ である。

平均は図からも確認できる。

（例1）不適合品率が 10% のロットから，50 個を取り出したとき，不適合品が 5 個含まれる確率を求めよ。

$p=0.1,\ n=50,\ x=5$ であるから，

$$P(X=5) = \frac{50!}{5!(50-5)!} \times 0.1^5 \times (1-0.1)^{(50-5)} = \frac{50 \times 49 \times 48 \times 47 \times 46}{5 \times 4 \times 3 \times 2 \times 1} \times 0.1^5 \times 0.9^{45} = 0.185$$

よって，このときの確率は 18.5%

（例2）硬貨を 10 回投げて，表が 3 回出る確率を分数で求めよ。

$n=10,\ x=3$ で，硬貨を 1 回投げて表が出る確率 p は $\frac{1}{2}$ であるから，

$$P(X=3) = \frac{10!}{3!(10-3)!} \times \left(\frac{1}{2}\right)^3 \left(1-\frac{1}{2}\right)^{(10-3)} = \frac{10 \times 9 \times 8}{3 \times 2 \times 1} \times \left(\frac{1}{2}\right)^3 \times \left(\frac{1}{2}\right)^7 = \frac{120}{2^{10}} = \frac{120}{1024} = \frac{15}{128}$$

よって，このときの確率は $\frac{15}{128}$

❶統計学では，確率を $P(X=x)$ と表記する。

Column　新 QC 七つ道具

言葉で表される情報(言語データ)を解析・整理し，さまざまな図で視覚化することによって，考えをまとめたり，問題を解決するために用いる，次の表に示す七つの手法を**新 QC 七つ道具**という。

手法名	内　容	概念図
親和図法	親和性のある(相互に内容の似た)情報をグループ化して整理・統合し，解決すべき問題の所在・形態をあきらかにしていく手法。	
連関図法	問題となることがらを真ん中において，因果関係を解明し，論理的につないで問題を解明する方法。	
系統図法	目標などを設定し，それまでに至るための手段や方策を系統的に展開していく方法。	
❶PDPC 法 過程決定計画図法	計画を実施していくうえで，障害と結果を事前に予測し，適切な対策を立て，プロセスの進行を望ましい方向に導く方法。	
アローダイアグラム法	作業の着手と完了を表す結合点と，各作業を表す矢印などでネットワーク図を描き，最適な日程計画を立てるための手法。 (第 4 章 p.35「パート図の例」参照)	
マトリックス図法	行と列に属する要素によって，二元的配置をした図を作成することにより，問題解決の糸口をみいだす方法。	
マトリックス・データ解析法	マトリックス図で用いた数値データを解析する方法で，多変量解析法(主成分分析)の一手法。	

❶Process Decision Program Chart の略。

2　品質管理の手法

3 品質検査

検査とは，品物を何らかの方法で試験した結果を，品質判定基準と比較して，個々の品物の適合品・不適合品を判定するか，またはロットの判定基準と比較して，ロットの合格・不合格を判定することである。

1 検査の種類

品質検査の目的は，品物が消費者の要求に適合することを保証することである。検査の種類は，試験量，影響，段階，データによって分類できる。そのうち，試験量による分類の検査には，全製品を検査する**全数検査**❶と，その一部を抜き取って検査する**抜取検査**❷，検査を省略する**無試験検査**❸，および**間接検査**❹の四つがある。❺

❶total inspection
❷sampling inspection
❸acceptance without testing
❹indirect inspection
❺そのほかの影響による分類の検査には，**破壊検査**と**非破壊検査**がある。

破壊検査は，限界強度，寿命など，破壊しないと検査できない物に対して行う。

非破壊検査は，寸法，質量，外観，電気特性などその検査を行っても価値が損なわれない物に対して行う。

また，段階による分類の検査には，受入検査，工程内検査，出荷検査がある。

データによる分類の検査には，計数値検査，計量値検査がある。

❻▶詳しくは，本章 p.97 参照。

1. 全数検査

全数検査は，次のような場合に行われる。

① 全数検査を容易に行うことができる場合。

② 自動検査機または簡単な装置で検査が行える場合。
　（例）電球の点灯試験。複写機の光源の点灯・消灯。

③ ロットの大きさが小さいために，サンプルの大きさがロットの大きさに接近してしまい，抜取検査の意義がなくなる場合。

④ 不適合品が少しでも混入してはならない場合。
　（例）ブレーキの作動試験。高圧容器の耐圧試験。宝石類のように高価な品物。不適合品を送り込むと，あとの工程に大きな損失を与えるような品物。

2. 抜取検査

検査の性質上，全数検査を行えない場合，あるいは経済上，全数検査が行いにくい場合などには**抜取検査**が用いられる。また，抜取検査は製品全部の**品質保証**❻をすることはできないが，きわめて高い確率で品質の保証をすることができる。

抜取検査は，次のような場合に行われる。

① 破壊検査のように検査後，製品が使用できなくなる場合。
　（例）材料の引張り強さ試験，電球などの寿命試験など。

② 連続体やかさばるものの場合。
　　（例）製紙，綿糸，ガソリンなど
③ 製品の数が多く，ある程度の不適合品の混入が許される場合。
　　（例）ピン，ワッシャ，ボルト，ナットなど
④ 検査項目の多い場合。
　　既製服，ワイシャツなどを大量生産方式で生産したとき，多くの項目について全数検査を行うことが困難であったり，見落としが生ずるおそれのある場合。
⑤ 検査費用を安くしたい場合。
　　不適合品が混入したときの不利よりも検査費用の安い抜取検査が有利と考えられる場合など。

3. 無試験検査・間接検査

無試験検査とは，品質情報や技術情報などの書類によりロットの合格・不合格を決め，検査を省略する検査をいい，過去の品質情報から製品が安定していることが前提である。また，**間接検査**とは，購入部品の受入検査の場合などに，品質優秀な納入者に対し，実際の製品を直接検査せずに，納入者の検査結果を確認する検査をいう。

2　検査特性曲線

抜取検査では，ロットの大きさ，サンプルの数，合格・不合格の判定基準を決めなければならないが，次に説明する事項を考慮して，それぞれの目的に合ったものを選ぶ。❶

1. 検査特性曲線（OC 曲線）

ある不適合品率をもったロットから，同じ数のサンプルを抜き取っても，抜き取りによる**ゆらぎ**❷によって，その結果は通常同じにならない。しかし，抜取検査を多数回行うと，統計的に合格になる確率を求めることができる。

抜取検査でロットの不適合品率と合格する確率との関係を示す曲線を**検査特性曲線**❸（OC 曲線）という。

OC 曲線は，横軸にロットの不適合品率をとり，縦軸にロットの合格する確率をとったもので，この曲線からどの程度の確率で合格となるのか，不合格になるのかを知ることができる。

❶JIS には，計数規準型抜取検査 JIS Z 9002，計量規準型抜取検査 Z 9003，Z 9004 などの規定がある。
　本書では，計数規準型一回抜取検査について学ぶ。

❷fluctuation
　抜取検査を同じロットで行ったとしても，偶然性に支配されてその結果は同じにならない。これを抜き取りによる"ゆらぎ"という。

❸operating characteristic curve

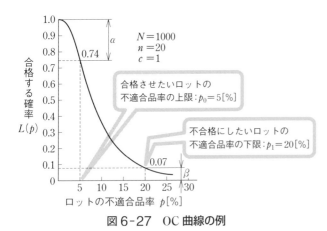

図6-27 OC曲線の例

図6-27は，計数一回抜取検査において，ロットの大きさをN，サンプルの数をn，合格判定個数をcとして，$N=1000$，$n=20$，**合格判定基準**$c=1$の場合のOC曲線である。

合格判定基準とは，サンプル中に不適合品の数がc個以下ならば，そのロット全体を合格とし，c個を超えた場合は不合格とする基準である。

たとえば，図6-27で，不適合品率5％のロットが合格となる確率は0.74である。生産者がこのロットを合格させたい場合でも，不合格になる確率が$0.26(1-0.74=0.26$より$)$あることを示している。

このように，合格としたい良い品質のロットが不合格となってしまう確率αを「生産者が負担しなければならない危険」という意味で，**生産者危険**とよぶ。

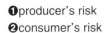
❶ producer's risk
❷ consumer's risk

一方，不適合品率20％のロットが合格となる確率は0.07と読み取れる。消費者が不合格とさせたい品質のロットが誤って合格してしまう確率βを「消費者が負担する危険」という意味で**消費者危険**とよぶ。

2. OC曲線の変化

ロットの大きさN，サンプルの数n，合格判定個数cを変えることによって，OC曲線の形状は下記のように変化する。

① nとcが一定で，Nが変化すると，$N \geqq 10n$（ロットの大きさがサンプルの数の10倍以上）の場合には，Nが変わってもOC曲線の形は，ほとんど変化しない（図6-28）。

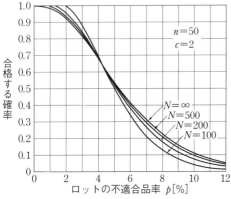

図6-28 nとcが一定，Nを変化

② Nとcが一定で，nが大きくなると，OC曲線はしだいに立っていき，傾きが急勾配になる。すなわち，生産者危険は大きくなり，消費者危険は小さくなる（図6-29）。

③ Nとnが一定で，cが増えると，OC曲線は右のほうへ移っていく。すなわち，生産者危険

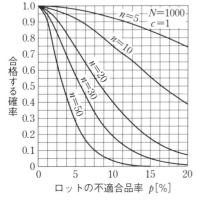

図6-29 Nとcが一定，nを増加

は小さくなり，消費者危険は大きくなる（図6-30）。

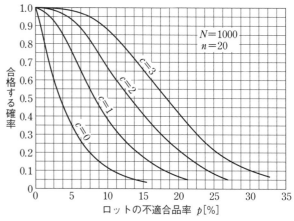

図6-30　Nとnが一定，cを増加

4 品質保証

1 品質保証の考え方

企業は品物の価値・効用を検討し，顧客の満足する品質のしっかりとした製品をつくり上げることがたいせつである。

1．経営と品質保証

品質管理の基本ともいえる**品質保証**❶は，顧客が安心して買うことができ，それを使用して満足感をもち，長く快適・安全に使用できる保証をすることにある。また，品質保証は品質についての顧客との約束であり契約でもある。

しかし，故障や欠陥があった場合など，顧客の要求にこたえられない場合，顧客は「不満」をいだき，生産者や販売者などの供給者に「苦情」❷を申し出たり，ときには賠償を求める事態に発展することさえある。よって品質保証は，経営全般にかかわる重要な事項である。

顧客が，製品に満足するには少なくとも次のような条件が考えられる。

① その製品が期待した働きをすること。
② 故障がなく，また故障した場合でもすぐ修理するなどのサービスが徹底していること。
③ 価格が手ごろであること。
④ 維持費用や環境面でも問題のないこと。

❶Quality Assurance
略して，QAとよばれる。

❷complain
品質やサービスの欠陥などに関して，消費者が製造者や供給者に対してもつ不満。
[JIS Z 8101:1981]

2. 品質管理と品質保証

企業における**製造物責任**(PL)**法**[❶]は，製造物の欠陥により，人の生命，身体または財産にかかわる被害が生じた場合，その製造業者などに損害賠償の責任を求めることができる制度である。

PL法では，製造物責任・債務不履行責任と不法行為責任が問われる。製造物とは，製造または加工された動産をいう。

PL制度の対象外の製造物には，不動産，未加工の農林水産物(自然食品)，電気などの無形エネルギー，ソフトウェア，血液製剤，廃棄物などがある。

製造物の欠陥には次の3種類がある。

表6-17 製造物の欠陥3種類

製造上の欠陥	図面・仕様書どおりに物がつくられていない場合。
設計上の欠陥	図面・仕様書どおりに物がつくられているにもかかわらず，それが欠陥とされる場合。
警告・表示上の欠陥	設計や製造それ自体には欠陥はないものの，本来必要とされる適切な表示を欠くことによって，製品が欠陥とされる場合。

このような問題の解決策としては，次の二つのことが考えられる。

表6-18 問題の解決策

(a) 製造物責任の未然防止と再発防止対策	① 品質管理の充実と製造部門や設計部門での品質向上対策を実施する。 ② 品質管理文書と記録の充実と製造の立証，データの作成と整備をはかる。 ③ 品質表示，警告表示および取扱説明書の充実。 ④ アフターサービス，アフターケアの充実。
(b) 製造物責任発生時の対策	① 製造物責任対策の法律専門家の配置により，危機管理体制の整備をはかる。 ② 製造物責任保険への加入により，損害ほてん措置の充実をはかる。

❶Product Liability
略して，PLとよばれる。▶第11章 p.179 参照。

2 品質保証活動の進め方

品質に対する要求や意識は国によって大きく異なる。このことは貿易において品質に関する問題を引き起こす原因となる。こうした問題を極力抑えるためには国内外で共通の品質管理に関する規格が必要となる。このことを視野に入れて品質保証をしていかなければならない。

1. ISO 9000 シリーズの認証制度(品質マネジメントシステム)

ISO 9000 シリーズ[❷]は，国際標準化機構(ISO)[❸]が定めた品質保証に関する国際規格であり，1987年に制定された。製品の設計，製造から

❷ISO 9000(品質マネジメントシステム－基本及び用語)，ISO 9001(品質マネジメントシステム－要求事項)，ISO 9004(品質マネジメントシステム－パフォーマンス改善の指針)からなる。

❸International Organization for Standardization

検査までの一連の工程での品質管理能力などの**品質マネジメントシステム**❶を認証するために，必要な事項を規格化したものである。この規格は2000年に大幅に改定されたが，品質保証の基本や**認証制度**❷そのものは変わっていない。

　認証制度とは，ある規格を基準にして審査し，適合している場合に登録し，公表する制度をいう。基準としては，地域規格，国家規格などが使われる。品質保証活動をシステム化し，国際規格としたことは画期的なことで，この規格の導入と活用は企業にとってはとくに有効であり，品質保証はもちろん企業の体質改善にも役立っている。

　ISO 9000シリーズの有効活用をめざした取り組みを行うことはもちろんであるが，より効果を上げるためには総合的品質管理（TQM）❸の考え方を導入し，おのおのの企業の置かれた経営環境を改善していくことが望まれる。ISO 9000シリーズのねらいは，製品の品質向上のしくみの構築と顧客満足の向上である。

2. JISマークの表示制度

　わが国では，JISマーク表示制度❹が品質保証のための認証制度として行われている。

　JISマークの表示制度は，産業標準化法に基づきJISへの適合性が確認されれば，製造業者，輸出入業者等は該当する製品にJISマークを表示することができる制度である。認証は，国際的な基準に基づいて国により登録された中立的な第三者の登録認証機関が実施する。

　認証の方法としては，
1) 製品試験による製品のJIS規格への適合，
2) 工場の品質管理体制❺

について審査が行われ，認証取得後も定期的に審査が行われる。

3. QC工程表

　規格化されたものをもとに品質保証をどのように進めるかを製造現場では考えなければならない。一例として，**QC工程表**❻を示す。

　QC工程表には，材料の仕入れから製品出荷までを工程図記号などを使って，作業内容・注意点などの指示が書き込まれている。これをもとに各部署で詳細な指示書などを作成し，だれが作業しても同じ品質で同じ製品ができるようにしている。また，不適合品が発生したり，製品の仕様変更があったときなどに活用することにより，迅速な対応

---

❶quality management system
❷certification system
「認証」（certification）という言葉は，ヨーロッパを中心に用いられている。アメリカでは法的責任をともなわない「登録」（registration）という言葉が使われている。日本もアメリカと同じ立場をとっている。

❸▶本章p.68側注❹参照。

❹JIS：日本産業規格（Japanese Industrial Standards）
JISマークのデザイン
鉱工業品の場合

加工技術の場合

特定の側面（種類，形状，寸法など）の場合

❺JIS Q 9001に基づく。
❻quality control process chart
　QC工程図ともよばれる。▶第4章p.32参照。

に役立てている。表 6-19 に例を示す。

表 6-19 QC 工程表の例

工程図記号	工程名	管理項目	管理方法			資料
			担当	方法	記録	
◇	材料仕入れ	外観	検査員	目視	台帳	
○	部品組み付け	組み付け具合	作業者	触手	チェックシート	作業標準書
▽	出荷	数量	検査員	触手	台帳	

Column　品質管理の意思決定（実験計画法と KT 法）

　品質管理でむずかしい意思決定が必要なとき，科学的で高精度な意思決定・問題解決の手順が求められる。製品を生産するとき，生産方法や品質を改善するには，実験を行う必要があるが，すべての要因について実験を行うには多くの手間と時間がかかるので，この問題を解決するために，英国の**フィッシャー**❶は，1923 年，**実験計画法**❷を開発した。実験計画法は，対象とするモデルを**実験計画モデル**とよび，今日にいたるまで品質管理の重要な役割を果たしてきた。

　また，米国の C・ケプナーと B・トリゴー❸は，「効率的な意思決定手順の体系化とその活動への応用」を主題としたプログラムの開発を行った。このプログラムでは，合理的で効率的な意思決定の手順を「ラショナル・プロセス」とよび，わが国には 1973 年に導入され，**KT 法（ケプナー・トリゴー法）**❹として多くの企業で活用されてきた。

❶わが国では，この分野で，田口玄一氏がタグチメソッドとよばれる**品質工学**を確立した。
❷Ronald Aylmer Fisher
❸design of experiments
❹C.Kepner（社会心理学博士）と B.Tregoe（社会学博士）。1959 年にケプナー・トリゴー社を設立した。
❺ケプナー・トリゴー氏の効率的な意思決定手順方法。

章末問題

1. 機械加工以外で，日常生活などで体験していることがらについて，特性要因図を利用してその原因を調べてみよ。

2. 次の用語について調べてみよ。

    1) 品質管理活動サイクル（PDCA）　2) 乱数サイ　3) 標準偏差
    4) 正規分布　5) 管理限界　6) ばらつき　7) メディアン
    8) OC曲線　9) 品質保証　10) c 管理図　11) PL法

3. パレート図とヒストグラムはよく似ているが，どんな点に相違があるか調べてみよ。

4. 管理図の種類とそのみかたについて述べてみよ。

5. 学校の生徒40人を抽出し，体重を測定したところ，次のとおりであった（単位はkg）。このデータの平均値，メディアン，平方和，分散，標準偏差，変動係数を求めてみよ。

54.3	63.2	64.9	62.7	52.5	103.7
58.4	62.1	58.2	63.7	64.5	65.5
72.4	59.8	49.8	62.6	79.1	67.5
71.6	66.4	98.3	60.6	64.2	63.8
59.2	69.4	61.7	73.8	55.9	60.3
61.9	57.3	66.4	55.5	59.8	57.9
65.8	66.1	60.7	53.4		

6. ある電機部品の脚の直径寸法を測定して，度数分布表をつくった。これによるヒストグラムを描いてみよ。また，平均値と標準偏差を求めてみよ。

    度数分布表　　　　　　　　　　　　　　　　　　　　　　　　　　　　　　　　　　　[単位mm]

No.	区　　間	階級値	度数	No.	区　　間	階級値	度数
1	22.405～22.505	22.45	2	6	22.905～23.005	22.95	22
2	22.505～22.605	22.55	5	7	23.005～23.105	23.05	14
3	22.605～22.705	22.65	6	8	23.105～23.205	23.15	5
4	22.705～22.805	22.75	17	9	23.205～23.305	23.25	3
5	22.805～22.905	22.85	26			計	100

7. $\bar{p} = 0.04$ で $n = 200$ の場合，p 管理図の管理限界を計算せよ。

8. 8月のソフトクリームの売上げと気温の関係について調べてみたら下表のようになった。これから相関係数を求めて，散布図を描いてみよ。

日	1	2	3	4	5	6	7	8	9	10	11	12	13	14	15	16
気温(℃)	28	25	27	23	22	21	20	18	30	32	34	36	29	31	32	33
売上げ(個)	12	11	12	10	10	7	9	7	14	15	16	18	15	15	14	16
日	17	18	19	20	21	22	23	24	25	26	27	28	29	30	31	
気温(℃)	35	34	35	24	26	30	31	29	28	30	27	28	25	23	20	
売上げ(個)	17	17	18	10	9	13	13	11	10	14	10	9	6	3		

9. JISマークのデザイン（鉱工業品の場合）が99ページの側注に示すものに変更された時期と理由について調べてみよ。また，外国ではあまりみられない，わが国のもう一つの国家規格は何か調べてみよ。

10. 次のようなデータから管理図をつくる場合，どのような管理図を用いるのがよいか考えてみよ．
    1) ねじの直径　　2) 鋼材の引張強さ　　3) ねじ100本あたりの不適合品率
    4) 作業者の欠勤率　　5) ある工場の1週間の事故率　　6) 鋼板の厚さ
    7) 製品の返品率　　8) めっき板の表面のきずの数　　9) 織物の1m²あたりのきずの数
    10) タイヤの突起状の外観不適合

11. 身近なもので，JISマークのついているものを探してみよ．

12. レーダーチャート，ガントチャートについて調べてみよ．

13. 次の文章は新QC七つ道具に関するものである．これに合う手法名を93ページのコラムを参照して答えよ．
    1) 同じようなクレームが多いので，何が原因かをカードに書いてもらい，項目ごとなどの類似性を整理して問題の構造をあきらかにする．
    2) 顧客の要求を満足させるために，目的や手段を系統づけて展開していく．
    3) 不適合品の発生について，現象やその対策を行い，発生の原因を列に配置し，問題の解決をはかる．
    4) 新商品の開発から販売までを矢線を用いて最適な日程計画を立てる．
    5) 売れ行きが好調なので規模を拡大したいと考えるが，成功させるために，問題点やリスクなどもあらかじめ想定しながら，望ましい方向に導く．

14. 次の文章で正しいものには○を，正しくないものには×をつけよ．
    1) QC七つ道具は言語データをおもに扱い，新QC七つ道具は数値データをおもに扱う．
    2) 品質は工程でつくり込むが，検査を厳しくすればさらに品質の良い製品ができる．
    3) 製品をつくるうえで，消費者を優先する考えを「プロダクトイン」といい，企業を優先する考えを「プロダクトアウト」という．
    4) 管理図のみかたで，「くせ」があると判断するルールは10ある．
    5) 検査の中に破壊検査と非破壊検査があるが，実際には試してみないとわからないので，対象となる物のほとんどは破壊検査をする．

15. 完成した部品から100個抜き出し，寸法を測定したら，平均値が33.80 mm，標準偏差が1.80 mmであった．規格値が34.00 ± 5.00 mmである場合，工程能力指数 C_p を求めてみよ．また，C_p を1.40にして良好な工程にするには，標準偏差がいくつになるように改善しなければいけないか求めてみよ．また，改善後の C_{pk} を確認してみよ．

16. 不適合品率が10％の工程から10個を抜き取り検査するとき，不適合品が2個含まれる確率を求めてみよ．

第7章

安全衛生管理

私たちが産業の現場で働く場合，産業活動に起因する災害や職業性疾病の発生には，十分留意する必要がある。企業や学校で，災害からあなた自身や同僚の安全を確保するため，安全衛生管理の目的・内容について学習しよう。

作業現場での安全確認

1 安全衛生管理の役割と意義

あなたは，工場やビルの建築現場などで，**緑十字の旗**❶が掲げられているのをみたことがあるだろう。この中央に緑十字を配した旗は，そこで働く従業員が安全で健康であることを願い，従業員の安全衛生意識を高めるために掲揚されている「**安全**」を象徴する旗である。

「人は何のために働くのか」❷という問いに対しては，さまざまな答えが考えられるだろう。しかし，働く目的や価値観が異なっていても，安全で健康を保持して働きたいという願いはすべての人に共通であり，人が産業の現場で労働に従事するとき，産業活動が原因で災害を受け生命がおびやかされたり，**職業性疾病**❸などで健康に障害を受けたりすることは，絶対にあってはならないことである。

産業活動がもたらす危険を取り除き，予防対策を立案・実施し，評価・改善を重ね，従業員の安全と健康を確保するための管理活動を**安全衛生管理**❹という。企業を支えているのは人である。もし，ひとたび災害が発生すれば，従業員はもちろん企業はひじょうに大きな損失を受け，社会にもさまざまな影響を及ぼすことになる。

❶green cross flag
　安全運動のシンボルマークとして使用され，安全に関する行事のさいや，安全意識の高揚をはかるために事業場などで掲揚される旗。
　似たデザインで，安全旗，労働衛生旗，安全衛生旗の3種類がある。
❷▶第1章 p.1「職業の3要素」参照。
❸▶本章 p.121 表7-4参照。

❹safety and health management

1 安全衛生管理の役割と意義 **103**

国は法令によって，**事業者❶**に対し安全衛生管理体制の確立・災害防止設備の整備・安全衛生教育の実施などを義務づけている。企業では，**労働基準法❷**や**労働安全衛生法❸**に基づき，総括安全衛生管理者❹などを選任し，安全衛生委員会を組織し安全衛生活動を行っている。

安全衛生管理は，働く人を災害から守るだけでなく，企業経営のための重要な柱として位置づけられている。経営者，管理者，従業員のすべてが安全や衛生に対する高い意識をもち，一体となって活動することによりはじめて大きな効果を上げることができる。

2 労働災害

産業活動にともなって発生する災害は，**労働災害❺**と**施設災害❻**に大別できる。労働災害とは，産業活動が原因で労働者が負傷したり，病気になったり，死亡する災害のことをいう。

1 労働災害統計

労働災害が発生している状況をいくつかの統計資料で調べてみよう。事故の原因を分析・検討し労働災害の防止対策を立てるために種々の統計がとられている。

1. 死傷者数と死亡者数

図7-1は，全産業における死傷者数および死亡者数を，1958年以降について表したものである。❼

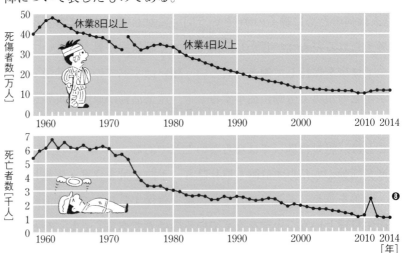

図7-1 労働災害による死傷者と死亡者数（全産業）
（中央労働災害防止協会編「安全の指標（平成27年度）」などによる）

---

❶事業を行うもので，労働者を使用する者。
❷Labor Standards Act
　労働者の保護を目的として，賃金，労働時間等の労働条件の基準を定めた法律（1947年制定）。
▶第11章 p.180 参照。
❸Industrial Safety and Health Law
　労働者の安全と健康を確保するために，事業主等の責任を定めた法律（1972年制定）。
▶第11章 p.181 参照。
❹▶本章 p.124 参照。
❺労働安全衛生法第2条。
　労働者の就業に係る建設物，設備，原材料，ガス，蒸気，粉じん等により，または作業行動その他の業務に起因して，労働者が負傷し，疾病にかかり，または死亡することをいう。
❻火災や，地震・風水害などによって，工場施設などに損害を及ぼす災害。
　最も件数が多い災害は火災である。
▶本章 p.125 表7-7 参照。
❼この統計では，1972年以前は，休業8日以上，1973年以降は休業4日以上の人数を数えている。

❽2011年の数値は，東日本大震災関係を直接の原因とするものを含む。

この図でわかるように，死傷者数・死亡者数ともに，1961年以降長期的には減少し，2014年の労働災害による死亡者数は1057人，休業4日以上の死傷者数は119535人であった。これは，一番多かった1961年と比較すると，死亡者数が約16%，休業4日以上の死傷者数は約25%にまで減少したことになる。

死亡者数については，労働安全衛生法が施行された1972年ごろから，激減していることがわかる。しかし，2014年でも1日に約3人が労働災害によって死亡している。一度の災害で，3人以上の労働者が業務上死傷した災害を**重大災害**とよび，事故の型別では，近年では，交通事故によるものが最も多い。

一般的には，災害発生率と災害の重さの程度の両者を検討することが多く，次に述べる度数率と強度率がよく用いられている。

2. 度数率

労働災害が労働者数や労働時間に対して，どの程度の頻度で発生しているかを知るには**度数率**を用いる。度数率は，100万延べ労働時間あたりの死傷者数(休業1日以上)をいう。

$$度数率 = \frac{労働災害による死傷者数}{延べ労働時間数} \times 1000000$$

例題 1 従業員480人の工場で，1日の労働時間が8時間，労働日数が年250日で，1年間の死傷者が2人であった。度数率はいくらか。

解答 $度数率 = \frac{2}{480 \times 8 \times 250} \times 1000000 = 2.08$

問 1 従業員1600人，1日の労働時間8時間，1年の労働日数250日の工場で，1年間の死傷者が4人であった。度数率はいくらか。

わが国における度数率の推移を図7-2に示す。

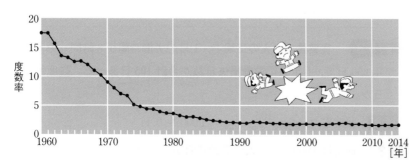

図7-2 度数率の推移(全産業)
(中央労働災害防止協会編「安全の指標(平成27年度)」などによる)

❶参考：同じ年の道路交通事故による死亡者数は4113人。

❷▶本章 p.107 側注❶参照。

❸この場合の交通事故とは，労働者を作業現場へ輸送する途中のマイクロバスの事故のように，労働災害として扱われたものである。2014年の統計では147件で，重大災害の50.3%である。

❹frequency rate
このほかに災害発生率を表す式に**年千人率**がある。
$年千人率 = \frac{1年間の死傷者数}{1年間の平均労働者数} \times 1000$
算出が容易であるが，労働時間や労働日数が大きく変動する事業場には適さない。

❺労働者1人が1時間働けば，1延べ労働時間である。

例題 2 従業員 1520 人の工場の度数率が 1.46 であったという。1 年間の死傷者は何人であったことになるか。ただし，その工場の労働時間は 1 日 7.5 時間，年間労働日数は 240 日とする。

解答 死傷者数を x とすると，
$$1.46 = \frac{x}{1520 \times 7.5 \times 240} \times 1\,000\,000$$
これより，$x = 4$ 人

問 2 1 日 8 時間，1 年の労働日数が 250 日，労働者数が 500 人の工場で，度数率が 1.00 であったという。1 年間の死傷者は何人であったことになるか。

3. 強度率

度数率により災害の発生率を知ることができるが，死亡者も軽傷者も同じ人数として扱われるので，災害の重さの程度がわからない。そこで，災害の重さを表すために**強度率**❶が用いられる。強度率は，1000 延べ労働時間あたりの労働損失日数で表す。

$$強度率 = \frac{労働損失日数}{延べ労働時間数} \times 1000$$

労働損失日数とは，休業や作業能率の低下による損失の程度を日数で表したものである。損失日数は，傷害の重さにより一定の基準が定められていて，計算により算出される（表 7-1）。

2014 年の全産業の強度率は 0.09 である。おもな業種の強度率は，製造業 0.09，建設業 0.20，鉱業 0.03 である。

❶severity rate

❷厚生労働省「労働災害動向調査」による。

表 7-1 損失日数の算出基準❷

(1) 死亡および永久全労働不能（身体障害等級 1, 2, 3 級）の場合，損失日数 7500 日
(2) 永久一部労働不能の場合は下表による。

身体障害等級	4	5	6	7	8	9	10	11	12	13	14
損失日数	5500	4000	3000	2200	1500	1000	600	400	200	100	50

(3) 一時労働不能の場合は，
損失日数 ＝ 暦日による休業日数 $\times \dfrac{300}{365}$（小数点以下四捨五入）

例題 3 従業員 480 人の工場で，1 日の労働時間が 8 時間，労働日数が年 250 日で，1 年間に労働損失日数が合計 105 日あった。強度率はいくらか。

解答 $強度率 = \dfrac{105}{480 \times 8 \times 250} \times 1000 = 0.11$

問 3 従業員 4900 人，1 人の労働時間が年平均 1800 時間の事業場で，ある年，1 人が死亡する災害が起こった。度数率と強度率を求めよ。

4. 労働災害の原因

労働災害の原因を，平成26年(2014年)の統計でみると，製造業で発生した休業4日以上の死傷者数は，図7-3のとおりである。

これによると，死傷者数は，物にはさまれたり，機械などに巻き込まれるものが最も多く，ついで，物につまずき，転倒するなどによるものが多い。

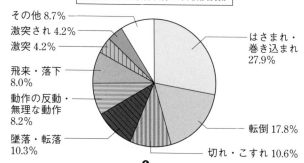

図7-3 事故の型別労働災害発生状況
(中央労働災害防止協会編「安全の指標(平成27年度)」から作成)

問4 平成26年度の製造業の死傷者数で，「はさまれ・巻き込まれ」と「転倒」によるものは，全体のおよそ何％を占めているか。図7-3を参照して答えよ。

2 労働災害の防止

労働災害を防止するためには，災害が発生する前に潜在的危険性を探し出し，事故を未然に防ぐことがたいせつである。過去の災害事例を調べ，防止のためにはどのような対策が必要か学習しよう。

1. 労働災害の事例と防止対策

災害は原因が単独のこともあるが，多くは**物的原因・人的原因**などが複合して発生する。そして，**直接原因**だけでなく，その背景には**間接的な原因**もある(図7-4)。

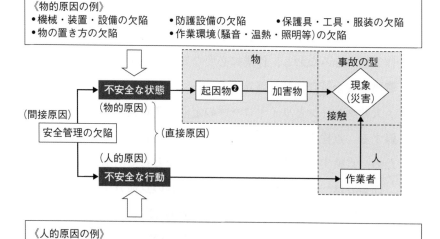

図7-4 災害発生のしくみ

❶厚生労働省による事故の型の分類。(1)墜落・転落，(2)転倒，(3)激突，(4)飛来・落下，(5)崩壊・倒壊，(6)激突され，(7)はさまれ・巻き込まれ，(8)切れ・こすれ，(9)踏み抜き，(10)おぼれ，(11)高温・低温の物との接触，…，(17)交通事故，…など，全部で20分類ある。

❷起因物とは，災害を起こすもととなった物をいう。起因物は，(1)動力機械，(2)物上げ装置・運搬機械，(3)その他の装置等，(4)仮設物・建築物・構造物等，(5)物質・材料，(6)荷，(7)環境，などに分類される。**加害物**とは，直接人と接触した物をいう。

事故の型で「飛来・落下」に分類される次の災害事例について，図7-4を参照し，原因と対策を考えてみよう。

◀a▶ **災害の事例**　ある製造業の工場でホイスト式天井クレーン（床上操作式）を用いてプラスチックの原料を運搬する作業を行っていた。この作業中に突然，**玉掛け用ワイヤロープ**❶が切断し，荷が落下したため，原料が飛び散り，クレーンを運転していた作業者に当たり，負傷した（図7-5）。

図7-5　災害の事例

◀b▶ **原因分析**　この事例での事故の発生原因を考えよう。

起因物はワイヤロープ，加害物はプラスチック原料である。ワイヤロープの切れたことが**物的原因**であり，作業者が荷の真下近くにいたことが**人的原因**である。ワイヤロープの定期点検での不完全，作業者の教育・訓練不足などが**間接原因**である。

法令でワイヤロープの始業前点検が義務づけられている❷。断線や変形に気づき，交換後，作業をしていれば事故は起きなかったと考えられる。また，事故が起きたとしても，作業者が安全な位置でクレーン操作をしていれば負傷する災害に至らなかったかもしれない。

◀c▶ **再発防止対策**　災害が発生してしまった場合，原因分析とともに重要なことは，再発防止対策である。この災害の再発防止について考えてみよう。

① クレーン運転中の作業者の退避位置や全体の作業手順を定めた作業標準をみなおし，作業に必要な知識・技術の再教育を実施し❸，職場の安全管理体制を確立する。

② 天井クレーンとワイヤロープの定期自主点検を確実に実施し記録する。点検ずみのワイヤロープは，点検したことを明確にするため，点検実施時期を色分け表示するなどして明示する。

③ 作業者は，法令を守って，玉掛け用具の点検方法および判定基準に従い点検を確実に行い，断線・変形・さび・腐食など異常がないことを確認後，作業にはいることを徹底する。事業者は監督者・作業者を再教育して「異常をみつける技量」を向上させる。

そして一番重要なことは，災害が起きる前に潜在的な危険性や有害

---

❶クレーンで荷を吊り上げるとき，荷にワイヤロープを掛ける作業を玉掛け作業といい，ロープをワイヤロープという。
▶玉掛けについては，本章 p.127 参照。

[ワイヤロープの構成]

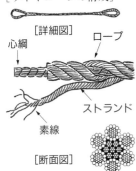

[詳細図]
心綱
ロープ
ストランド
素線
[断面図]

❷労働安全衛生規則 501 条。
ワイヤロープは，10% 以上の断線，公称径 7% 以上の減少は使用不可。

❸クレーンの運転と玉掛け業務を行ううえで必要な資格を作業者に取得させ，知識・技術を習得させることは事業者の義務である。

性をみつけ出し，事前に対策を講じることである。これを**リスクアセスメント**という。**安全衛生計画**❶に含めることが必要である。

安全衛生計画の中には，リスクアセスメントの結果に基づく措置の内容と実施時期を具体的に記入する。

❶安全衛生目標を達成するために，実施事項や日程などを具体的に定めたもの。
▶本章 p.113 図 7-9 参照。

Column　安全第一（safety first）

米国の製鉄会社の会長（J.E.Gary）は，生産の増強をはかるために**生産第一，品質第二，安全第三**というスローガンを掲げた。その結果，生産が上がり，製品の品質も良くなったが，労働災害がひじょうに増加した。そこで彼は，生産をある程度犠牲にしても災害をなくそうと決意した。

1906 年，スローガンを**安全第一，品質第二，生産第三**と変更し，安全対策を強化したところ，災害が激減すると同時に，品質も生産量も向上した。

この考え方が米国はもとより，ヨーロッパ諸国やわが国にも伝わり，「**安全第一運動**」として広がった。

2. 労働災害の予防

災害の事例（p.108）では，作業者が真下近くにいなければ物の落下事故ですんでいたかもしれない。現実には，災害には結び付かない事故はたくさん起きている。

1 件の大きな災害の影には，多数の「**人の不安全な行動**」や「**物の危険な状態**」がひそんでいることを**ハインリッヒ**❷は，「**1：29：300 の法則**」❸で指摘した。ハインリッヒは，1931 年，多数の事故例を調べ，「同じ種類の事故が 330 件起こったとすると，そのうち 300 件は傷害をともなわない事故ですむが，29 件は軽い傷害（災害）をともない，1 件は重い傷害をともなう」と発表した（図 7-6）。

このことから，**ヒヤリ**としたり，**ハット**したりという程度ですんだ 300 件の事故をなくすことやその背景にある「人の危険な行動」や「物の危険な状態」をなくすことが，災害を防止するうえで重要であることがわかる。予防管理が安全の基本である。このため，職場では **300 運動**❹や**ヒヤリ・ハット活動**❺，**KY 活動**❻などの災害防止運動が行われている。

図 7-6　ハインリッヒの 1：29：300 の法則

❷H.W.Heinrich　米国の The Travelers Insurance Company の安全技術者。
❸たとえば，歩行中障害物につまずき転倒事故が起きたとき，300 回はけがをしないですみ，29 回は軽いけがで，残りの 1 回は骨折のような入院が必要な重い傷を負うということ。

❹災害に至らなかったこの 300 件の事故をなくすことをめざして行われる活動。
❺，❻▶これらの活動については，本章 p.113「安全衛生の確保」で学ぶ。

3. 労働災害による損失

ひとたび労働災害が発生すると，被災者本人だけでなく，家族や社会にまで影響を及ぼすことになる。

企業にとっても，生産の低下や被災者への損害賠償など負担は大きい。労働災害が発生した場合の影響を表7-2に示す。

表7-2 労働災害によるいろいろな損失

本人	●肉体的苦痛 ●精神的ショック ●障害が残る ●死亡
家族	●家族の心労（心配・悲しみ） ●経済的負担（生活困窮）
職場	●労働力損失 ●働く士気低下 ●工程の遅れ
企業	●損害賠償 ●法的責任 ●生産停止 ●企業イメージ低下

災害によっては，施設が破壊し周囲の建造物や住民にも被害が及ぶこともある。災害の原因調査などのため，工場の生産が停止し，製品の流通不足を招いたり，災害に対する不安感など，社会全体にもいろいろな損失が生じる。

災害によって受ける損失のうち企業が直接負担しなければならない経済的損失には，法定補償費用，人的・物的・生産損失に対する費用などがある。❶これらに要する費用は，災害防止にかかる費用より巨額になるので，災害を未然に防ぐことは，企業にとってもひじょうに重要なことであり，災害防止対策は「経営を成立させるための最重要課題である」といえる。

❶製品が消費者段階において，災害を発生させた場合，企業は製造物責任による賠償を求められる。
▶製品の安全性，品質保証については，第6章p.97参照。

3 安全衛生活動

私たちは，災害の多くは，人の不安全行動や物の不安全な状態が要因となって発生することを学んだ。労働災害を防止するには，これらの不安全な状況をみぬき，事故を未然に防ぐことができるようにすべての従業員の安全に対する能力を高めることがたいせつである。このため，企業ではいろいろな安全衛生活動を行っている。安全衛生活動の役割やさまざまな活動について学習しよう。

1 安全衛生教育

安全衛生教育は，直接作業する従業員や管理監督者，あるいは経営者などそれぞれの立場の人に対して，企業が適切な時期に実施するよ

う，法令で定められている。

ここでは，安全衛生教育の目的や内容など基本的事項について述べる。

1. 安全衛生教育の必要性

知識や技能が不十分な新規採用の従業員に何も説明をしないで作業させたり，経験が豊富だといっても，新しい作業現場に来た作業者に作業現場の状況や規則などについて適切な指示を与えないで仕事をさせれば，高い確率で災害が発生する。

また，新しい設備を導入し，作業の方法が変わった場合や，熟練した作業者による慣れからくるミスを防止し，安全水準の向上をはかるためにも日常の安全衛生教育が必要である。

管理監督者に対しても，作業方法の決め方や作業中の監督・指示の方法などの教育が必要となる。このほか，図7-7に示すように，いろいろな人を対象に，安全衛生教育が行われる。

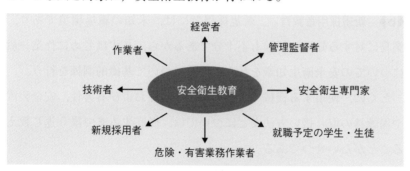

図7-7 安全衛生教育の対象者の例

2. 安全衛生教育の内容

安全衛生教育は，管理者・一般従業員・新規採用者，危険または有害な業務の作業者などを対象に行われる。対象者が異なれば教育内容も異なるが，一般的な内容を図7-8に示す。

図7-8 安全衛生教育の内容

❶労働安全衛生法。
▶第11章 p.181参照。
第59条（安全衛生教育）事業者は，労働者を雇い入れたときは，当該労働者に対し，厚生労働省令で定めるところにより，その従事する業務に関する安全または衛生のための教育を行わなければならない。

❷生活態度，服装，機械・工具の取り扱い，職場の整理整頓などについての安全衛生にかかわる基本的なルール。
　おもな例を次に示す。
1）睡眠や休養を十分とる。
2）服装は正しく着用。ボタンの掛け忘れに注意する。
3）回転している工作物に手を触れない。
4）工具を使用したら，必ず決められた場所に戻す。

❸使用機械・原材料の性質等を含む。機械の操作方法，安全衛生対策が不十分であったり，有害物質の取り扱いが不適切であると，事故や職業性疾病発生の原因となる。

❹企業や事業場の安全衛生管理組織（本章p.123参照）や安全衛生活動の体系を定めたもの。

安全衛生教育は，知識の不足や未熟練から起こる誤操作や判断ミスを未然に防止し，職場でけがや疾病を起こさないための方法を学び，訓練によりそれを実行できる能力を身につけさせ，万一災害が発生したとき適切な処置ができることなどを目標として行われる。

　また，安全衛生教育は，対象者を一堂に集め作業場を離れて行う集合教育❶や，朝礼のミーティングで行ったり，実際の作業を通して行う方法❷がある。

❶ Off-the-job Training

❷ On-the-job Training
▶第9章 p.156で詳しく学ぶ。

◀**a**▶　**一般従業員教育**　一般従業員に対する教育では，対象者や教育目的に応じた能力向上のための安全衛生講習会・防災訓練などを行う。

　たんに危険な行動を注意するだけではなく，各自の担当する日常業務を正しい安全な方法で行うように，また事故が発生した場合はただちに事故内容などを報告し，その原因と対策を考えるよう教育・訓練する。とくに，従業員の作業内容が変更になったときは，あらためて新しい業務に対応した安全衛生教育を行う。

◀**b**▶　**新規採用者教育**　新規採用者には，未知の職場環境であり，業務に対する知識・経験も不十分であるから，必ずはじめに作業一般についての安全衛生知識を与え，作業について基礎的訓練を行う。

　とくに，使用する機械・原材料等の危険性および有害性，安全装置や保護具の取り扱い方法などについては，徹底するまで繰り返し教えることがたいせつである。

　ある企業では，入社時や異動時に，安全衛生委員が安全指導表をもとにして，安全衛生規則を指導し，その後はそれぞれの職場で，日常の安全衛生活動を実施している。

◀**c**▶　**特別教育**　作業の中には，法令により危険または有害な業務として定められているものがある。これらの業務に従事する作業者には，法令により特別教育を実施しなければならないことが定められている。特別教育が必要な業務として，①研削砥石（といし）取り換えまたは取り換え時の試運転の業務❸，②アーク溶接機を用いて金属を溶接したり溶断したりする作業，③可動範囲内で行う産業用ロボットの教示あるいは検査など，④つり上げ荷重1t未満のクレーンの玉掛け業務，などがある。

❸でこぼこした表面を平らにするため，ディスクグラインダを用いて金属材料を研削する作業をしている。この作業中に，研削砥石車を取り換えるとき，もし，作業者が，まちがった砥石車や重心がアンバランスの砥石車を取り付ければ，高速回転する砥石車が破壊し，飛び散った破片で大きな災害を引き起こすおそれがある。

❹▶第2章 p.14～16および第4章 p.46～47参照。

◀**d**▶　**職長教育**　職長の職務❹は，一般的に，仕事の段取り，作業指導，設備の保全，安全衛生管理，職場規律の維持などである。事業者は，

新しく職長になった者に対し，職長教育を実施しなければならない。職長教育の内容には，①作業方法の決定や作業者の配置に関すること，②部下の指導・監督の方法，③労働災害を防止するための必要な事項，などがある。

問5 労働安全衛生規則を参照して，特別教育が必要な他の業務について調べてみよ。

2 安全衛生の確保

企業では，一定期間ごとに安全衛生基本方針を定め，その基本方針に基づき具体的な取り組みを計画し，実施し，その結果を確認し，処置し，次に生かしていく PDCA サイクルを回し，安全衛生活動を継続的に行っている❶(図7-9)。

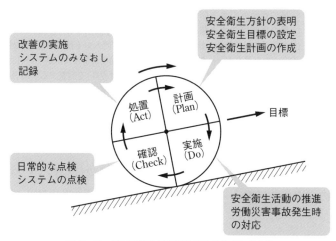

図7-9 安全衛生管理の PDCA サイクル

そして，蓄積された安全衛生の経験・知識をシステム化し，活動の質的向上をはかっている。ここでは，企業の生産現場での安全衛生活動について学び，従業員一人ひとりの役割について考えてみよう。

1. 日常の安全衛生活動

わが国では，1973年から**ゼロ災運動**❷が行われている。ゼロ災運動とは，休業災害や死亡災害をなくすだけでなく，「ゼロ災害へ全員参加」をスローガンに，職場の安全衛生に関するすべての問題を発見して解決することをめざす運動である。職業性疾病や交通災害を含むすべての労働災害をゼロにすることを目標にし，**QC サークル活動**❸のような小集団で活動することを基本としている(図7-10)。

具体的な活動としては，ヒヤリ・ハットした体験をそのままみすご

❶事業者が労働者の協力のもと，安全水準向上をはかることを目的とした安全衛生管理のしくみを労働安全衛生マネジメントシステム(OSHMS)という。Occupational Safety and Health Management System

❷ゼロ災害全員参加運動の略で，中央労働災害防止協会が推進している。
❸同じ職場内などの小グループで行われる品質管理や安全衛生活動。
▶第6章 p.69 参照。

図7-10 ゼロ災運動の
　　　　シンボルマーク

図7-11 ヒヤリ・ハット報告書の例

すことなく検証し，潜在する危険を積極的に発見したり，KYTにより従業員が危険に対して敏感になるような訓練が行われている。

日常の安全衛生活動として行われているこれらの災害防止運動について述べる。

◀a▶ ヒヤリ・ハット活動　従業員が，作業中や通勤時などにヒヤリ・ハットとした作業や行動を経験したとき，それを用紙に書いて報告する。組織的な活動では，情報を共有するために，**報告・連絡・相談**が欠かせない。単純な気づきから危なかったことまで，5W1Hに書きとめる。その経験を一人だけのものとして終わらせず，事例をもとに職場のミーティングで検討したり掲示して，みんなでその原因をなくす対策を考える。

図7-11はヒヤリ・ハット報告書の一例である。

◀b▶ 危険予知活動　危険予知活動は，図7-12に示すようなKYTシート（危険予知訓練シート）を用いて，危険に対する感性を磨く訓練活動である。潜在する危険要因をグループの全員でみつけ出し，その対策を考える。

❶危険予知訓練のK：キケン，Y：ヨチ，T：トレーニング（training）の頭文字。
KYK（危険予知活動），ともいう。その場合，最後のKは活動のKである。

❷報告・連絡・相談の頭文字をとって，「ほうれんそう」と略される。「ほうれんそうを忘れるな！」などと使われる。

❸who だれが，when いつ，where どこで，what なにを，why なぜ，how どのように。

KYTシート

状況 あなたは，2階の清掃を終え，2階から1階に戻ろうとしている。

どんな危険がひそんでいますか！

KYTの現状把握のしかた

　左のイラストについて，どのような危険がひそんでいるかを話し合う。次にそれを，現状・状態・現象にまとめ，「～ので（とき）～して～になる。」という文体で書く。

（例）　階段を下りているとき，モップの先を
　　　　　　現状
　　　　足で踏んで，前のめりにころぶ。
　　　　　状態　　　　　　現象

図7-12　KYTシートの例

　時間をかけて行う方法と，作業前に短時間でKYTを行い，全員で確認し，集中力を高めて作業に入る方法など職場の実態に合わせたさまざまな実施形式がある。

　グループで討議するので共通の認識をもつことができ，安全意識を高める手法の一つとして多くの企業で採用されている。

　KYTは次のような4段階で行う。❶

①　**現状把握**：どんな危険がひそんでいるか。

　危険のポイントを複数あげ，「～なので～して～になる」と書く。

②　**本質追究**：これが危険のポイントだ。

　そのうち重要なものに○印をつける。

　次に，さらに絞り込んで，とくに重要なものに◎印をつける。

③　**対策樹立**：あなたならどうする。

　実施可能なものやグループとしての対策を出し合う。

④　**目標設定**：私たちはこうする。

　「～を～して～しよう」と，二つ程度のグループの行動目標を決める。

　最後に，項目を一つ決め，メンバで3回，**指差呼称**❷や**タッチ・アンド・コール**❸を行う。

❶4ラウンド法という。
❷自分のすべき行動を「○○ヨシ！」と対象物をみて指差し，大きな声を出して確認すること。具体的に呼称することが重要である。指差呼称ともいう。

❸小さな円陣をつくり，たがいの手を重ね，行動目標を唱和すること。

例題 4 図7-13に示すKYTシートについて，KYTの練習をしてみよ。

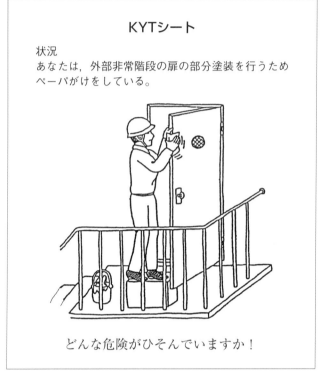

図7-13 KYT練習問題
(中央労働災害防止協会編「新版危険予知訓練」から作成)

解答 p.115の①〜④に基づいて，KYTを行う。レポート例を以下に示す。

① 現状把握
・潜在危険を発見し，危険要因とその要因によって引き起こされる現象を想定する。
・「〜ので，〜して，〜になる」の文体で記述する。

② 本質追究
・発見した危険のうち，重要危険に○印をつける。
・さらに絞り込んで，とくに重要だと思われる危険のポイントに◎印をつけ，〜下線を赤で記す。

危険予知訓練レポート　日時　年　月　日　所属　部　課

チーム名	リーダ	書記	レポート係	発表者	コメント係	その他のメンバ

1. 現状把握・本質追究

① 風にあおられて扉が閉まり，扉を押さえていた左手がはさまれる。
② 踏み台が手すりに近く，腰の位置が高いので，降りようとしてよろけたとき，手すりを越えて転落する。
3 風にあおられて扉が動き，踏み台がぐらついて踏みはずしてころぶ（手すりで体を打つ）。
4 ペーパがけをしながら，足の位置を変えようとして踏み台を踏みはずしてころぶ。
⑤ 扉を閉めてペーパがけをしているとき，内側から扉を押しあけられてころぶ。
⑥ 顔を近づけてペーパがけをしているので，風で粉が飛び散り目にはいる。
⑦ 踏み台を踏みはずして，塗料缶をけとばし，下の人に当たる。

③ 対策樹立
・◎印の項目について，実施可能な対策を出し合う。

④ 目標設定
・出し合った対策のうち，チームの目標に適するものに※印をつけ，〜の下線を赤で記す。
・チームの行動目標を，「〜を〜して〜しよう」という文体で決める。

2. 対策樹立・目標設定・指差呼称

◎のNo.	※印	具体策	上司のコメント欄
2	※	1. 踏み台を壁側に寄せる。	
		2. 踏み台は開いた扉の内側に置く。	
		3. 安全帯着用。手すりにかける。	
6		1. 保護めがねを着用する。	
	※	2. 風上で作業する。	
		3. 顔を遠ざけ目の位置より下で作業する。	
チーム行動目標		踏み台を壁側に寄せて風上でペーパがけをしよう。ヨシ！	
[確認]指差呼称項目		踏み台壁寄せ　ヨシ！	

問6 図7-12のKYTシートについて，例題4にならって，KYTの練習をしてみよ（4〜5人で班をつくり実習せよ）。

◀c▶ 4S，5S活動　整理，整頓，清掃，清潔の頭文字をとって4Sという。それに躾を加えて5Sということもある❶。整理整頓は快適で安全な職場つくりの基本的事項として，安全衛生管理の面だけでなく，工程管理，品質管理や設備保全管理においても昔から重要視されている。生産現場だけでなく，全従業員の活動として行われることが多い。

❶職場によっては，躾のほかに，習慣づけ，修養，セイフティ，スピードのSを意味することもある。また，これらの複数を含め，6Sとして活動を行っている企業もある。

Column　身近な5S活動の例

掃除用具の管理
　職場や学校で行われている例として掃除用具の管理がある。掃除用具はきれいにして乾いた状態で保管する。

工具の管理
　工具は使用後はきちんともとの場所に戻し，整理して保管する。不足のものが一目でわかるようにしておくことがたいせつである。

ごみの分別
　ごみは，紙，プラスチック，生ごみ，アルミ缶，スチール缶，ペットボトルなどに分別する。ごみ箱の容器には種類を明記して容易に分別できるようくふうする。

活動掲示板
　掲示板を利用したり，パトロールを実施して，職場の従業員全員の活動となるようにする。

このほか，安全衛生活動として，次のようなことが行われる。
① 安全衛生当番制度：従業員が輪番で職場内をパトロールし，「整理整頓の状況，危険箇所の発見，保護具を正しく身につけているか。」などを確認する。巡視の結果，不具合点は修理や改善を行う。
② 安全朝礼❶：始業時に，安全に関する朝礼を行う。
③ 安全改善提案制度：従業員が改善点を提出し，優良な提案には表彰などを行う。
④ 工場単位や部門別の安全衛生発表会，講演会。
⑤ 全国安全週間（7月1日から1週間），全国労働衛生週間（10月1日から1週間）に合わせた行事の実施。
⑥ 交通安全活動

2. 機械設備の安全化

災害が起こったとき，「作業者の不注意がなければ事故は起きなかった」といっていては，永久に災害をゼロにすることはできない。人の不安全行動があっても，機械設備の安全化をはかることによって，事故の発生を阻止することが重要である。

機械設備の安全化とは機械に安全装置を取り付けたり，自動化や産業用ロボットの導入により，危険・有害な作業をなくすことにより危険要因を除去する❷。高所作業で墜落・転落防止のために安全柵を設けることも設備の安全化の一つである。

安全な機能を機械に組み込む代表的な手法について述べる。❸

◀a▶ フェイルセーフ　機械が故障したとき，事故に結びつかない安全な方向（災害を発生させない形で機械を停止させる側）に移行するような機構を**フェイルセーフ**❹という。たとえば，列車は，通常はブレーキがかかった状態にしておき，発車するときに圧縮空気を送り込み，ブレーキが緩（ゆる）む構造にする。これによりブレーキ装置に異常がある場合，自然とブレーキがかかり，安全側に作動する。

◀b▶ フールプルーフ　機械の操作手順をまちがえても，あるいは危険性などをよく理解していない作業者が操作しても危険を生じないようにした機構を**フールプルーフ**❺という。たとえば，プレス機械で手をはさまれる事故を防ぐために，図7-14に示すように，たがいに離れた位置にある二つのスイッチを同時に押さないと機械が作動しないようにする。

---

❶短い時間を利用したミーティング［ツールボックスミーティング（略してTBM）］の形態をとることもある。

❷自動化やロボット化が新たな災害要因を生むこともある。自動機械，産業用ロボットの安全対策も必要である。

❸このような装置を機械設備の**本質安全化装置**という。

❹fail safe
「機械は故障しても安全である」という意味。

❺fool proof
ポカよけと訳される。「人間がまちがいをしても，失敗しようがない」という意味。

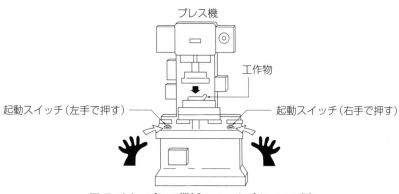

図7-14 プレス機械のフールプルーフの例

◀c▶ **インターロック機構** 機械の安全カバーをかけないでそのまま運転すると危険な場合，安全カバーをしなければ，スイッチを入れても電動機が起動しないような機構を**インターロック機構**❶という。

身近な例では，電子レンジは扉があいているとマイクロ波の放射を停止する構造になっていて，人がマイクロ波を浴びることを防止している。また，自動洗濯機は，ふたがあいた状態では洗濯槽が回転しないようになっていて，回転中の洗濯槽に手などを入れて巻き込まれる事故を防止している。

図7-15は，シュレッダ❷にインターロック機構を適用した例を示す。

❶interlock
「連動する」という意味。

❷挿入口より紙を入れ，その紙を細かく裁断する機械。

このシュレッダでは，ごみ箱のドアを閉じ，ドアの内側の突起部分が本体のインターロックスイッチを押したとき，カッタが作動可能となる構造になっている。切りくずを取り除くためドアをあけているときは，スイッチがはいらないようになっている。

図7-15 インターロックの例

問7 フェイルセーフ，フールプルーフ，インターロックの用語の意味を説明せよ。

3. 機械設備の保守と保全

製品にはライフサイクル❸があり，機械設備も例外ではない。設備や機械の不整備は，安全管理上，労働災害の物的原因となるばかりでなく，良好な状態に維持されなければ，品質を維持し，生産計画どおりに生産することはできない。そのため，日常の自主点検はもちろん，適正な計画を立て，組織的に設備の**保守・保全**❹につとめる必要がある。

❸▶第3章 p.21参照。
❹maintenance
設備・システムなどを使用および運用可能状態に維持し，または故障・欠点などを回復するためのすべての処置および活動をいう（JIS Z 8115による）。

3 安全衛生活動 | **119**

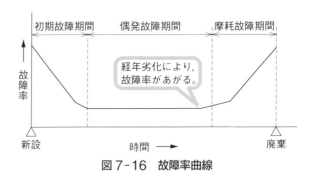

図7-16 故障率曲線

❶形からバスタブ曲線とよばれている。

図7-16は**故障率曲線**で、時間経過と機械や装置の故障の割合の変化を示す図である。一般的に、初期の故障は、設計や製造ミスに起因し、摩耗故障期間は、劣化による故障のため故障率が上昇する。

❷ライフサイクルコストという。

設備の計画・導入から廃棄までにかかる費用を下げ、最も経済的に保守・保全することを**生産保全**という。

生産保全を推進するため、表7-3に示す種々の保全方式を組み合わせ、合理的な設備の保守・保全を実施し、故障による生産停止時間の減少、保全コストの削減、不適合品の減少、製造原価の低減、安全な作業などを実現していく。

❸preventive maintenance

表7-3 保全方式の分類の概要

保全方式	概　　　　要	備考・補足
予防保全❸	設備の使用中の故障の発生を未然に防止するため、既定の間隔や基準に沿って検査を実施し、部品を交換したり、調整したりする。	日常の清掃・注油・調整も予防保全活動としてたいせつである。
事後保全	設備が故障したり機能が低下してから行う保全で、できるかぎり早く生産活動を再開させるとともに、同じ故障が二度と起こらないようにする。	安全上問題がない場合や生産への影響が小さい場合は、経費を考え、積極的に事後保全を選択することもある。
改良保全	設備そのものの改良・改善がねらいで、設備の故障を起きにくくしたり、設備の性能や安全性を高める。	保全そのものを予防する意味で保全予防という。

予防保全は、一定の期間を定めて、点検や部品交換をする**時間計画保全**(定期保全)と設備の劣化状態を把握し故障前に部品交換など対策を行う**状態監視保全**(予知保全)に大別できる。定期点検は時間計画保全の一つである。ボイラやクレーンなど、事故が起きると大事故につながるおそれのある設備や消防設備などは、法令により定期的に性能検査や自主検査をすることが義務づけられている。

❹法定点検という。
身近な例では、自動車検査登録制度(車検)がある。
❺TPM(Total Productive Maintenance)。
設備の安全性を高めたり、職場環境を改善する活動を小集団で全社的に行う。

旧来の故障を予防する予防保全から一歩進めて、**全社的生産保全**❺とよばれる全員参加による積極的な生産保全によって生産性向上をはかる企業が多い。

3 作業環境と労働衛生

私たちは心身ともに健康で働けることを願っている。職場の環境が悪いと災害の間接的な原因や職業性疾病(表7-4)を引き起こす一因になる。企業は,従業員に対し適切な作業管理・作業環境管理・健康管理を行うことにより,人的資源の確保と生産効率の向上をはかることができる。また,安全衛生活動を通して,よりよい作業環境づくりを進めることが重要である。

表7-4 職業性疾病の例

疾病	疾病の概要等
災害性腰痛	業務上の負傷に起因する疾病の約8割❶が腰痛である。不自然な姿勢,瞬間的に力を入れたときに起こりやすい。保健衛生業,商業・金融・広告業,運輸交通業で多くみられる。
酸素欠乏症❷	空気中の酸素濃度が16%以下になると,人体へ悪影響を及ぼす。タンク内や下水道での作業などで起こりやすい。
有機溶剤中毒	通風が不十分な場所で,塗料などに含まれる揮発性の有機溶剤を呼吸器や皮膚から吸収し,中枢神経,内分泌器,内臓に悪影響を与える。
粉じんによる疾病	空気中に浮遊する有害性粉じん(無害の粉じんの場合もある)を長い間吸入し,それが肺にたまり,じん肺や肺がんを引き起こす。
熱中症❸	暑い環境下で生じる障害の総称で,高温多湿の環境条件のもとで倒れる疾患。屋外の炎天下だけでなく屋内でも発生することがある。
VDT作業障害❹	ディスプレイ,キーボードなどにより構成されるVDT機器を使用した作業による眼疲労や頸肩腕症候群など。
特定化学物質等中毒❺	塩素,硫酸,アンモニアなどの特定化学物質を製造・取り扱い作業において,ばく露したり吸入することによる中毒。

1. 作業環境と職業性疾病

職業性疾病❻とは,一定の職業に従事するために起こる病気をいい,**災害性疾病**と**慢性疾病**に分けられる。原因としては,有機溶剤などの化学的要因,振動・温度・騒音・放射線などの**物理的要因**と,作業姿勢などの**作業的要因**などがある。

危険有害業務を行う作業では,**作業主任者**❼を選任して作業方法を決定し,作業者を指揮させる必要がある。また,**作業環境測定士**❽に作業

❶2014年は,約84.2%であった。中央労働災害防止協会編「平成27年度版労働衛生のしおり」による。
　作業者の腰への負担を軽減するために,腰に装着するロボットスーツの開発・導入が進んでいる。
❷oxygen deficiency
　酸素濃度が18%未満の状態を酸素欠乏といい,略して酸欠という。
❸熱射病や熱けいれんなど。
❹Visual Display Terminalの略。VDT機器を使用して,データの入力・検索・照合等,文章・画像等の作成・編集・修正等,プログラミング,監視等を行う作業。
❺特定化学物質等は労働安全衛生法施行令にかかげられている。
❻職業性疾病のうち,災害性疾病には,急性ガス中毒,酸素欠乏症などがある。
　慢性疾病には,職業性がんなどがある。
❼▶本章p.126で詳しく学ぶ。
❽作業環境測定法に定められた免許制度の資格。

場の作業環境の測定と結果の記録を行わせなければならない。

2. 作業用保護具

❶protector, protective equipment

災害の危険や職業性疾病を防止するためにさまざまな**保護具**❶が用いられる。保護具を使用すべき作業は労働安全衛生規則等で定められている。

保護具の機能を生かすためには,「適正な管理」と「正しく身につけること」がたいせつである。図7-17に,主要な保護具を示す。

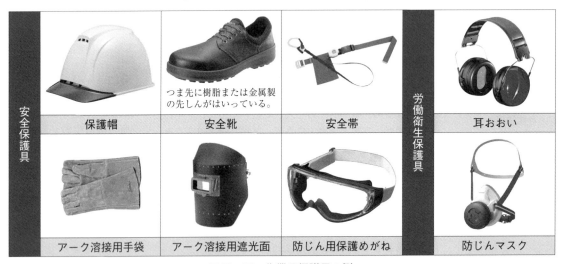

図7-17 作業用保護具の例

問8 アーク溶接作業時に使用すべき保護具をあげよ。

3. 労働衛生と従業員の健康

労働者が快適で健康に働くことができる職場をつくるには,経営者が**作業環境管理・作業管理・健康管理**などの労働衛生管理活動に積極的に取り組むと同時に,従業員みずからが健康管理を行うことがたいせつである。

高齢社会を迎え,**生活習慣病**❷の労働者が増加する一方,産業構造の変化や急速な技術革新の進展,長時間労働などにより労働環境が変化し,精神的な疲労やストレスによりうつ病や過労死,自殺者が増加している。また,一般定期健康診断での**有所見率**❸も年々増加している。このような状況のもとで,企業はTHP❹にみられるように,心身両面の健康の保持増進や快適な職場環境づくりに力を入れている。

また,近年,職場における**パワーハラスメントやセクシュアルハラスメント**❺など,いじめや嫌がらせなどについて公的機関への相談件数も増加している。

❷生活習慣が要因となって発症したり,進行したりする病気。高血圧,心臓病,糖尿病など。
❸健康診断の結果,悪いところが指摘される割合。平成26年には約53%。「平成27年度版労働衛生のしおり」による。
❹Total Health Promotion Plan。「心とからだの健康づくり」をスローガンとして,国が推進している労働者の健康保持増進措置。
❺「パワハラ,セクハラ」などと縮めて表現されることも多い。
▶第9章p.155で詳しく学ぶ。

ある企業では，安全衛生委員会で話し合いを行い，休憩室を設置したり，受動喫煙防止対策措置として屋外喫煙所を整備したり，職場でのストレスを少なくする取り組みを行っている。また，パワハラ・セクハラ防止委員会を設置し，従業員間のトラブルを未然に防止する方策を協議している事業所もある。

　しかし，職場でのストレスは労働者だけでは解決はむずかしい。メンタルヘルス不調の労働者の減少をねらい，国は法令によって**ストレスチェック制度**を事業者に義務づけ，心の健康づくり対策を進めている。

　表7-5に，職業性ストレス簡易調査表の一部を示す。個人の検査結果は，点数・ストレスの程度・医師の面接指導の要否などが本人に直接通知され，精神障害の予防・治療に役立てられる。また，集計結果については，職場環境改善のために活用される。

　もし，面接指導を受ける必要があると認められた場合は，できるだけ面接を申し出るようにしたい。

❶▶本章 p.125 で詳しく学ぶ。

❷医師や保健師による「心理的負担を把握するための検査」。
　平成27年12月より労働者数50人以上の事業所で実施。

表7-5　ストレス調査表の例（「平成27年度 労働衛生のしおり」から作成）

職業性ストレス簡易調査表 A あなたの仕事についてうかがいます。 　最も当てはまるものに○をつけてください。	そうだ	まあそうだ	ややちがう	ちがう
1. ひじょうにたくさんの仕事をしなければならない	1	2	3	4
2. 時間内に仕事が処理しきれない	1	2	3	4
3. 一生懸命働かなければならない	1	2	3	4
4. かなり注意を集中する必要がある	1	2	3	4
5. 高度の知識や技術が必要なむずかしい仕事だ	1	2	3	4
（全部で57項目）				

問9 ストレスをためないように心がけていることをあげよ。

4 安全衛生管理組織

　労働災害を防止し，従業員が安全に健康で働く環境を確保するには，安全衛生教育が欠かせないことを前節で学んだ。有効に機能する安全衛生管理体制があってはじめて効果ある安全衛生教育も行うことができる。安全衛生管理組織の役割や義務について学ぼう。

1　安全衛生管理の組織と役割

　企業は，労働安全衛生法に基づき，業種および規模に応じて安全衛

❶図7-18は従業員数300人以上の製造業の例である。50人未満の事業所では、これによらず、安全衛生推進者を選任することになっている。

生管理組織を構成している。

1. 安全衛生担当者の役割

わが国では，事業者みずからが率先して労働安全衛生管理活動に取り組むよう法律で定めている。これに基づき事業者は，総括安全衛生管理者を責任者として，安全管理者，衛生管理者，産業医などの安全衛生スタッフを選任する（図7-18）。

総括安全衛生管理者は，安全管理者，衛生管理者を指揮し，従業員の危険または健康障害を防止するための措置などの業務を統括管理する。安全，衛生管理者は，それぞれ，安全，衛生に関することがらを管理する。産業医は，事業者の直接の指揮監督のもとで専門家として従業員の健康管理などに当たる。表7-6に，それぞれのおもな業務内容を示す。

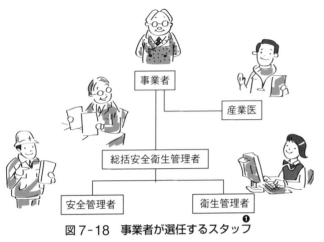

図7-18 事業者が選任するスタッフ❶

表7-6　いろいろな管理者とおもな仕事

管理者等	おもな仕事
総括安全衛生管理者	① 安全管理者・衛生管理者の指揮 ② 従業員の危険または健康障害防止措置 ③ 安全または衛生教育の実施に関すること ④ 健康診断の実施その他健康の保持増進の措置に関すること ⑤ 労働災害の原因の調査および再発防止対策など
安全管理者❷	① 建築物，設備，作業場所，作業方法に危険がある場合，応急措置や防止の措置 ② 安全装置，保護具などの危険防止のための設備や器具の定期点検 ③ 作業の安全に関する教育および訓練など
衛生管理者（免許制度）	① 健康に異常のある者の発見および処理 ② 労働環境衛生に関する調査 ③ 作業条件，施設などの衛生上の改善など
産業医（医師免許者）	① 健康診断および面接指導など従業員の健康管理 ② 衛生教育その他従業員の健康の保持増進のための措置 ③ 衛生管理者に対する指導・助言など

❷厚生労働大臣が定める研修を受けた者の中から選任する。

2. 企業の安全衛生管理組織

製造工場では，工場長，部課長，係長などの管理監督者と安全衛生スタッフおよび作業者が一体となった安全衛生管理組織をつくっている（図7-19）。

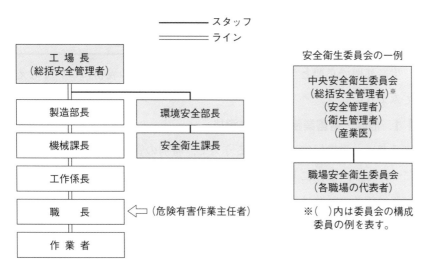

図7-19 安全衛生管理組織の例

安全衛生委員会では，次のさまざまな重要事項を審議する。
① 安全・衛生行事などの計画・立案
② 労働災害・健康障害の防止，健康の保持増進のための対策
③ 労働統計，災害統計，疾病統計の作成
④ 安全衛生教育に関すること
⑤ 「心の健康づくり計画」の策定，など

経営者と労働者が協力して安全衛生対策に取り組む趣旨から，委員の半数は労働者の代表者で構成される❶。安全衛生管理組織により，安全衛生対策を推進し，全従業員の安全衛生への意識を高めることがたいせつである。

❶労働者の過半数で組織する労働組合があるときは，労働組合の推薦する者（労働安全衛生法第17条）。

このほか，安全衛生管理組織として，火災・風水害などに対する防災活動を推進するための組織や，従業員の交通事故防止・交通安全意識を高めるために交通安全管理委員会などを設置する企業も多い。表7-7に，防災組織における係の役割の例を示す。

表7-7 防災組織における係の役割の例

係	役割
巡回係	工場内を定期・随時に巡回し，火災・盗難の予防や発見に当たる。巡回の結果を記録する。
保守係	防火設備・消防用機械器具その他の設備を定期・随時に検査して，いつでも使用できるような完全な状態に保つ。
消防係	出火にさいし，消火・被災者救出・物品搬出などを担当する。万一のさい，機敏に協同作業ができるように訓練しておく。
避難指導係	出火にさいし，従業員を安全に避難させるための警報伝達・捜索・避難誘導などに当たる。

問10 学校の安全衛生管理組織を調べてみよ。

2 生産部門での安全衛生管理の義務

生産部門で必要とされる資格や,安全衛生管理の義務について考えてみよう。

1. 危険・有害業務に必要な資格

事業者は,労働災害を防止するうえで,特別の管理を必要とする作業については,法律に基づき作業主任者を選任しなければならない。

❶労働安全衛生法第14条。

作業主任者の業務は,作業方法を決定し,作業を直接指揮することである。また,材料,器具,工具を点検して,欠陥品を取り除き,保護具の使用状況を監視するなど,安全な作業が行われるよう,作業者を指揮しなければならない。

作業主任者が必要となる作業には,

① アセチレンガスと酸素を使用する金属の溶接・溶断などの作業
② 酸素欠乏危険箇所における作業
③ ボイラの取り扱い作業
④ 有機溶剤を製造または取り扱う作業,などがある。

作業主任者は,都道府県労働局長の免許証を有する者または一定の技能講習を修了した者から選任する。表7-8に示す作業主任者は,当該技能講習を修了することによって作業主任者の資格が得られる。

❷国の指定する団体が行う講習をいい,その講習を修了することによって修了証が交付される。
通常,講習の終わりに修了試験が行われる。

表7-8 技能講習で取得できる作業主任者の資格の例

技能講習名	作業主任者の職務の概要
有機溶剤作業主任者	作業者が有機溶剤に汚染されないように作業方法を決定・作業者の指揮。局所排気装置の点検,保護具の使用状況の監視など。
特定化学物質作業主任者および四アルキル鉛等作業主任者	作業者がベンゼン,塩素,青酸カリなどの特定化学物質や四アルキル鉛に汚染されないように作業方法を決定・作業者の指揮など。中毒のおそれがある場所からの退避や除染作業などの緊急対応など。

また,作業者自身が資格をもっていないと従事することができない就業制限業務がある。これらの資格のうち,技能講習で取得できるものを表7-9に示す。

表7-8や表7-9に示す資格は基本的な資格なので,就職に備えて,在学中に技能講習により資格を取得する学生・生徒も増加している。

表7-9 技能講習で取得できる就業制限業務の資格の例

就業制限業務名	内容
ボイラ取り扱い	温水ボイラ(伝熱面積14m^{2}以下),蒸気ボイラ(3m^{2}以下),貫流ボイラ(30m^{2}以下)などのいわゆる小規模ボイラの取り扱いに必要とされる資格。
ガス溶接	可燃性ガスと酸素を使って金属の接合・切断・加熱の作業を行う場合に必要な資格。
フォークリフト運転	フォークリフトを作業現場で運転するときに必要な資格。
床上操作式クレーン運転	床上で運転し,かつ運転する者が荷の移動とともに移動する方式のクレーンが運転できる資格。
玉掛け	クレーン作業にともない,つり具を用いて行う荷かけおよび荷はずしの業務を行える資格。

2. 事業主・従業員等の義務

　近年,安全衛生担当者が,退職したり転勤したりして,労働災害防止の知恵や経験が継承されない企業がある。事業者は,安全衛生管理体制を維持するために計画的に安全衛生担当者の養成につとめる必要がある。

　少子高齢社会では,中高年齢労働者が加齢にともなう心身機能の特性のため災害に合いやすく,回復に必要な期間も長くなり休業期間も長くなる。第三次産業を中心に,全般的にパートタイム労働者や派遣労働者も増加している。労働災害を防止するために,よりいっそうの設備の改善,安全衛生管理体制の強化,安全衛生教育の充実をはからなければならない。

　事業主,安全衛生担当者,従業員一人ひとりがそれぞれの立場で,安全衛生に対する役割と義務を担っていることを忘れてはならない。

章末問題

1. 労働災害の度数率と強度率は，産業の種類によって異なる。機械工業の災害について調べ，話し合ってみよ（中央労働災害防止協会「安全の指標」などを参照せよ）。
2. 整理整頓を行うことによって得られる利点を話し合ってみよ。
3. 学校の実習工場について，安全について十分ではないと思われる箇所に対する災害防止の具対策を話し合ってみよ。
4. フェイルセーフ，フールプルーフ，インターロックについて身近な例をあげよ。
5. 保全方式について，次の記述から正しいものに○を，誤っているものに×をつけよ。
   1) 設備，部品などについて，計画・設計段階から過去の保全実績または情報を用いて不良や故障に関する事項を予知・予測し，これらを排除するための対策を設計に織り込む方法を保全予防という。
   2) 予防保全とは，設備の信頼性，保全性，経済性，操作性，安全性などの向上を目的として，設備の材質や形状などの改良を行う保全方式をいう。
   3) 事後保全とは，設備が故障したり機能が低下してから行う保全で，絶対にしてはいけない保全方式である。
6. 機械設備の定期保全について調べてみよ。
7. 安全管理担当者の業務内容を項目にして書いてみよ。
8. 安全衛生管理におけるリスクアセスメントについて調べてみよ（中央労働災害防止協会「安全の指標」などを参照せよ）。
9. 通学時（通勤時）にヒヤリ・ハットしたことを報告書にまとめてみよ。

第8章

環境管理

企業は地域の人々や環境問題に対してどのように取り組んでいるのだろう。
この章では，環境管理の役割や企業と地域社会の環境問題などの取り組みの概要について理解しよう。

企業による自社ビルの屋上緑化

1 環境管理の役割と意義

わが国は，1960年代に高度経済成長期となり，企業は生産性を追求することが重視されはじめた。企業の生産活動がさかんになるにつれ，地域の人々の生活環境や従業員の作業環境に影響を与え，日本各地で**公害**❶問題が多発するようになった。

このため，環境に関する法律が整備されるようになり，企業は法律を遵守し，廃棄物・騒音・悪臭などが周辺地域の環境に影響を及ぼさないよう環境保全活動を推し進めるようになってきた。さらに，環境配慮型の製品を開発したり，自主的に管理目標を定めて，環境対策の状況についてホームページなどで公表するようになった。

企業が産業活動を進めるにあたり，環境に対する方針や目標をみずから設定し，これらの達成に向けて取り組んで行く管理活動を**環境管理**または**環境マネジメント**❷という。

近年，環境問題は一地域にとどまらず，地球温暖化など地球規模での環境問題へと広がってきている(図8-1)。企業と私たち一人ひとりが，それぞれの立場で環境保全について真剣に考え，環境管理・環

❶environmental pollution, a public nuisance, a public hazard などの用語がある。▶本章 p.130 参照。

❷environment management
環境マネジメントのための体制・手段などを環境マネジメントシステムという(▶体制については，本章 p.142 参照)。

図 8-1　地域における環境保全活動

保全活動にいっそう努力することが求められている。

問 1　企業で環境管理が重要である理由を考えてみよ。

2 環境問題への取り組み

1　企業と地域の環境問題

　ここでは，公害の発生とした背景と地域の環境問題について学び，その取り組みの現状と対策を理解しよう。

1. 公害と公害対策

　公害とは，企業や個人などの人為的な行為により地域住民の生活環境に影響を与えることである。とくに，大きな問題になったのは，地域住民の健康被害であった。

(a) 水質の汚濁

(b) 大気の汚染

図 8-2　汚染された環境

　わが国では，戦後に経済復興を優先させ，工業生産力を高める政策がとられた。1950 年代後半からエネルギー消費の増加とともに重化

学工業が発展したが，一方では大気や河川中の汚染物質が増えることになった。また，各地のコンビナートからの硫黄酸化物の大量排出は，大気汚染になり，住民への被害が社会問題になった。1960年代後半に入るとさらに地域開発が進み，河川・海域の水質汚染が著しくなった。このように，全国各地での公害問題の発生に対して，国は1967年に**公害対策基本法**❶を制定した。その後，日常生活が，大量生産・大量消費・大量廃棄型に変化してきたことにともない，環境の問題が地域社会の生活環境に影響した産業型公害から，国家そして国家間の地球規模の問題にまで発展した。この結果，これまでの公害対策基本法では不十分となり，1993年に**環境基本法**❷が新たに制定された。

❶1970年に改正された公害対策基本法では，「事業活動その他の人の活動にともなって生じる相当範囲にわたる大気の汚染，水質の汚濁，騒音，振動，地盤沈下および悪臭によって，人の健康または生活環境にかかわる被害が生ずる」ことが述べられている。

❷▶第11章 p.185 参照。

Column　四大公害

① **水俣病**　熊本県水俣市にある工場からの廃水に有機水銀が混入していたことによる。住民が水俣湾の魚介類を食べたことで発病した。水俣病は神経系統をおかされるために，感覚障害や運動・言語などの障害が発生した。
　　　1956年に水俣病の被害が公式に確認されたが，会社側との責任問題が長引いたために，犠牲者が増加する事態となった。1968年に政府は公害病と認め，一次訴訟の判決が1973年に出され，企業を加害者とする損害賠償責任が確定した。

② **新潟水俣病**　1965年に新潟県阿賀野川流域で，工場廃水中の有機水銀による中毒による患者が発生した。政府は，工場から排出されたメチル水銀が魚介類に蓄積し，それを食べたことから発生したとの見解を1965年に出した。

③ **イタイイタイ病**　富山県神通川流域でのカドミウム汚染により発生した。腎臓障害と骨軟化症がおもな症状で，全身各部に骨折が起こり，激痛が発生するためイタイイタイ病とよばれた。1972年に企業の責任が確定した。

④ **四日市ぜんそく**　三重県四日市市では，コンビナートの工場からの排気ガスによる大気汚染で，地域住民にぜんそく患者が多発した。とくに，乳幼児・児童・老人などに被害が集中した。1972年に企業の責任が確定した。

2. 環境対策の状況

環境基本法に扱われている**大気汚染・水質汚濁・土壌汚染・悪臭・騒音・振動・地盤沈下**❸などについては，大気汚染防止法，水質汚濁防止法，騒音規制法などの法律❹に基づいて，それぞれ基準が設定されている。ここでは，環境対策の状況と保全技術について学ぼう。

❸これらを7公害とよぶ。

❹▶第11章 p.185 参照。

表8-1　7公害の概要と環境保全の例(1)

公害の種類	概　　要	防止対策・環境保全対策
大気汚染 (air pollution)	大気汚染はおもに自動車や工場などから排出される汚染物質によって起こる。汚染物質には、二酸化硫黄 SO_2 などの硫黄酸化物 SO_x、二酸化窒素 NO_2 などの窒素酸化物 NO_x、一酸化炭素 CO、浮遊粒子状物質(SPM❶)、光化学オキシダントなどがある。 とくに、SO_x、NO_x は大気中で、硫酸、硝酸となり、酸性雨の原因といわれている。 また、二酸化炭素の大量排出による温暖化や、フロンの放出によるオゾン層の破壊などが起きている。	火力発電所・化学工場や製鉄・製油工場などでは、大気汚染物質の排出が多いため、種々の取り組みが行われている。 加熱炉やボイラなどの燃焼設備に使用する燃料として、硫黄分や窒素分の少ない燃料の使用量を推進している。 また、重油からLNGやLPGに変換するようになってきている。 発生した硫黄酸化物 SO_x や窒素酸化物 NO_x に対しては、排煙脱硫装置や排煙脱硝装置によって除去が行われている。 排煙脱硫装置 電気集じん装置
水質汚濁 (water pollution)	工場の廃水や生活排水によって、河川・湖沼・海洋などの水質が汚濁することである。 水質汚濁には、肥料や生活排水による窒素、リンなどの流入による富栄養化現象があり、赤潮やアオコなどの原因となる。 また、有機物、有害物質や油などの大量流出による水の汚染も生態系への影響を与える。	下水処理場 基準が定められ、水質汚濁防止等に基づき対策が進められている。 下水道の整備と下水処理場での物理的・化学的・生物学的処理・高度処理などを行い、汚濁物質を除去する。 化学工場などの汚濁水は活性汚泥処理設備で浄化後、製油工場では油水分離装置で油を除去後、活性汚泥処理設備で浄化され、水質基準に従い排出される。
土壌汚染 (soil pollution)	工場などから排出される廃水・排ガス、農薬散布や廃棄物などにより土壌に有害物質が長年蓄積され汚染を起こす。その土壌の有害物質が地下水に流入して飲料水として利用した場合に、健康障害などを引き起こす。	工場では、水槽類に防液堤を設置し、漏液に備えている。 送液配管を地上化し、配管の破損などの早期発見を容易にしている。 また、地下貯槽の二重化壁を推進している。 土壌汚染については、汚染が拡散しないように、ゴムシートをコンクリート上に埋め、きれいな土壌でおおう対策がとられている。 しゃ断型最終処理場

❶▶本章 p.140 脚注❶参照。

表8-1 7公害の概要と環境保全の例(2)

公害の種類	概　　要	防止対策・環境保全対策
悪臭 (malodor pollution)	発生源は，畜産農業・飼料・肥料・香料薬品などの工場であるが，減少傾向にある。 近年では，サービス業で増加傾向にある。騒音・振動と同様，感覚公害とよばれる。	悪臭防止法で規制されている。 工場排気から発生するガスに対する臭気対策として，脱臭装置が用いられる。 製造工程で発生する臭気を処理する吸収式脱臭装置を右図に示す。  吸収式脱臭装置
騒音, 振動 (noise, vibration)	工場や建築工事のほかに，自動車や列車・航空機などの交通機関に原因するものもある。 近年は，飲食店の深夜営業にともなう騒音や宣伝放送の近隣騒音が問題になっている。感覚公害とよばれる。	騒音による公害を防止するため環境基準が設定され，騒音規制法等に基づき対策が実施されている。 遮音壁や吸音壁を設けたり，騒音・振動の原因となる設備装置の改良を行い，振動・伝搬の低減をはかる。  ボイラの消音機
地盤沈下 (landsub-sidence)	高度成長期における地下水の需要増大の結果，大都市・工業都市を中心に地盤沈下が多発した。地下水の過剰な採取が原因である。いったん沈下した地盤はもとには戻らない。  地盤沈下の例	企業は，水質保全の考えから，水の循環利用を進め，工業用水や地下水の使用量を減らしている。 地盤沈下対策としては，地下水採取規制のほか，代替水源の確保事業が行われている。

問2 7公害について，知っていることをまとめてみよ。

2 地球規模での環境保全

1. 広域的な環境問題

環境問題は，一地域に影響を及ぼす公害問題からより大きな地域の環境汚染に対しての取り組みへと変化してきた。広域的な環境問題としては，**地球の温暖化，オゾン層の破壊，酸性雨**などが知られている。❶これらの問題に対しては，一企業だけでなく，国家としてさらには世界各国が協力して対策する必要がある。

◀a▶ 地球温暖化 大気中に存在する二酸化炭素(CO_2)，メタン(CH_4)❷などは，温室効果を有するガスで，この効果によって住みよい環境が保たれている。ところが近年，石油・石炭などの化石燃料の使用量増加で，これらのガスの大気中への排出が増え続け，この結果，地表から発生する赤外線を吸収する量が増え，大気の温度を上げることになる(図8-3)。先進国では，規制や企業の努力によってガスの放出量は減少もしくは横ばいであるが，開発途上国での増加が著しい。

気温が上昇することにより，海面上昇が起こり，また生態系や農産物生産にも影響するおそれがあると考えられている。その結果，食糧危機や健康への影響も懸念されている。

◀b▶ オゾン層の破壊 オゾン層❸がオゾン層破壊物質❹により破壊されることが明確になってきた。その結果，有害な紫外線が地上に届く量が増え，皮膚がんや視力障害の増加，免疫機能の低下，植物の生長阻害などを発生させるといわれている。

◀c▶ 酸性雨 石油や石炭などの燃焼で発生する硫黄酸化物や窒素酸化物などに起因した硫酸や硝酸を含んだ雨や雪などが地上に降り，河川や湖水の水が酸性化する。そのため，魚介類や樹木への影響が懸念される。

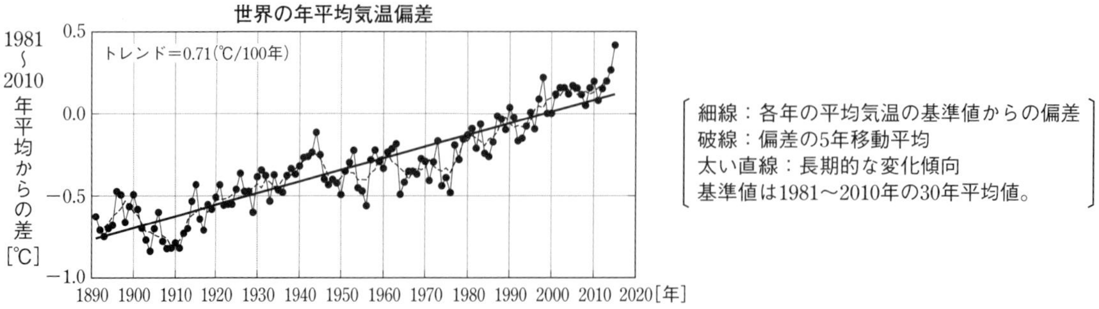

❶地球環境問題とよばれる。

❷このほかに，一酸化二窒素(N_2O)，オゾン(O_3)，水蒸気などがある。人工的につくられたものとしては，六フッ化硫黄(SF_6)やクロロフルオロカーボン(CFC)などがある。

❸地球を取り巻く大気中のオゾンの多くは地上15～30km(成層圏の中)に存在し，オゾン層とよばれている。オゾン層は，太陽光に含まれる有害な紫外線の多くを吸収し，地上の生物を守っている。

❹CFC(クロロフルオロカーボン)やHCFC(ハイドロクロロフルオロカーボン)【以上をフロンと総称】，ハロン(消火剤)，臭化メチルなど。

図8-3 上昇し続ける世界平均気温(1891～2015年)
(気象庁ウェブサイト「世界の年平均気温」から作成)

3 企業の環境保全への取り組み

1 資源の有効利用のための活動

1. 循環型社会の形成

私たちはこれまで,「大量生産・大量消費・大量廃棄」という社会経済活動の上に立って生活を営んできた。しかし,このことは私たちの生活に利便性や快適性を与えてきたが,一方では公害や自然環境の汚染・破壊,資源の枯渇などの環境問題をもたらすことになった。

このような,環境問題を解決するための取り組みとして,2000年に**循環型社会形成推進基本法**❶が制定された。この法律の目的は,廃棄物・リサイクルの対策に,次のような優先順位を置くことである。

第一に廃棄物の**発生抑制(リデュース)**❷,第二に使用済み製品・部品の**再使用(リユース)**❸,第三に回収されたものを原材料として利用する**再生利用(リサイクル)**❹を行う。それが環境負荷などの観点から資源として利用できない場合には,エネルギーとしての利用の推進をする。そして最後に廃棄物として適切な処理を行う。

この法律に基づき,リサイクル対策を総合的かつ計画的に推進する**循環型社会形成推進基本計画**を定めている。国は,循環型社会をめざし,図8-4に示すように環境関係の法律を整えてきた。また,2002年には**自動車リサイクル法**❺が成立し,2005年1月に完全施行された。

❶循環型社会形成推進基本法。
2000年6月2日法律110号。
▶第11章 p.186参照。

❷reduce
発生の抑制。資源やエネルギーの使用量等を減らすこと。

❸reuse
品質保証し,再度部品として使用すること。

❹recycle
一度資源に戻して再活用すること。

❺使用済自動車の再資源化等に関する法律(2002年成立,2005年1月完全施行)

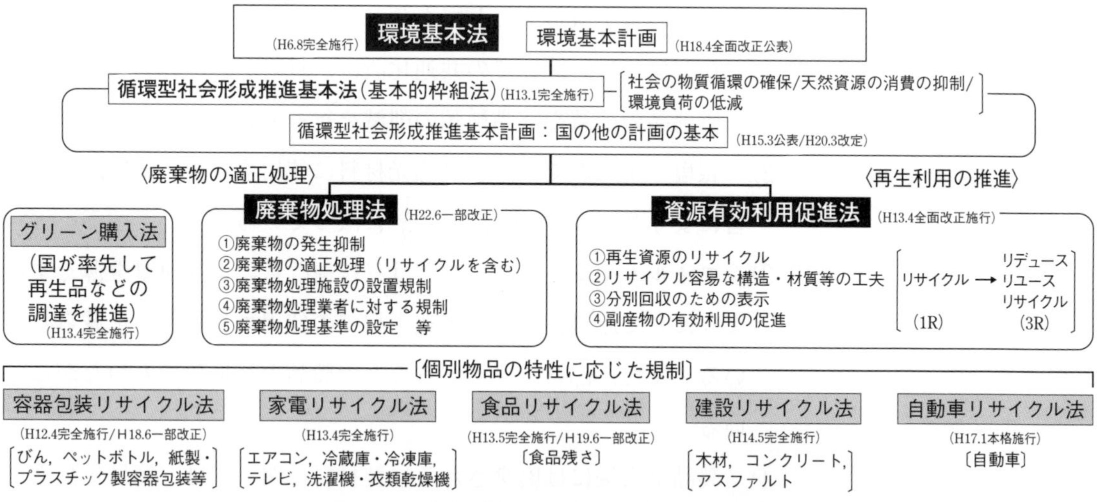

図8-4 循環型社会の形成に関係する法律群
(「循環社会形成推進基本法に基づく各法律の体系」(環境省HP)による)

❶recycling-oriented Production system
❷このような概念を**インバースマニュファクチャリング**(inverse manufacturing)または**逆工場**とよんでいる。

各企業においても，これらの法律の理念のもとでこれまでの使い捨て中心の社会をみなおし，設計段階から環境に配慮した製品がつくられるようになった。顧客・使用者も含めた**循環生産システム**❶が構築されてきている。❷例として図8-5に，複写機における資源の有効利用の例を示す。

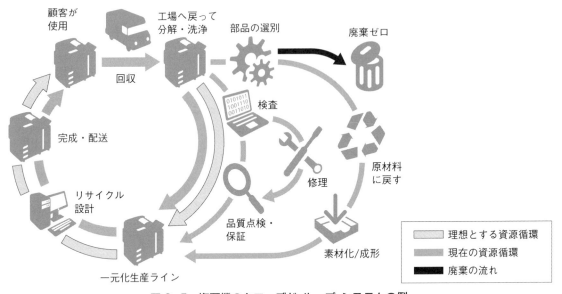

図8-5 複写機のクローズドループシステムの例

2. 3Rへの取り組み

最近では各企業においては，資源の有限性と環境保全の観点から**3R**❸を考慮するようになった。この事例を紹介しよう。

❸reduce(リデュース), reuse(リユース), recycle(リサイクル)の頭文字をとって，3Rという。

◀a▶ リデュース リデュースは，省資源化のために，生産に使用する原材料の量を減らすことである。

1) 複写機では，機種での共通化設計，材料・処理の共通化などで，在庫部品の削減や部品種類の削減を行っている。
2) 銀塩フィルムでは，写真感光材料に使用する銀の量は，技術改善により20年間で半分から$\frac{1}{3}$に減っている。
3) フィルムやシート部材などは，技術改善により膜厚を薄くするようにして原料使用量や製造工程での使用エネルギーを減らしている。また，部材を薄くすることで製品の軽量化にもつながっている。
4) 製品購入後には廃棄される包装材料に関しては，簡易包装やプラスチックの緩衝材を紙製や多層構造のフィルムに空気を充填し

たものなどが使用される。軽量化に合わせて、空気を抜くことで、廃棄体積を減少させることが可能になってきた。

◀b▶ **リユース**　リユースとは、回収した製品の部材・部品・容器をそのままの形で再使用することである。酒・ビール・牛乳などのびんがリユースの代表例である。

また、製品の部材をユニット化することで、回収された製品からユニット部をはずして再使用できるシステムが実施されている。

リユースを行うには、製品の品質管理が重要で、検査に合格したものが再使用される。

◀c▶ **リサイクル**　リサイクルとは、廃棄物を再生利用することで、原材料として再生使用する方法❶と燃焼原料として熱利用する方法❷がある。再生利用の例を次に示す。

1) 回収した古紙を原料とした再生紙が、広く使われている。企業で使用する用紙の多くが再生紙である。
2) 回収ペットボトルは、ペレット❸化されて、ポリエステル繊維❹の原料となる。また、回収ペットボトルを再度ペットボトルへ再生する技術も開発されており、循環システムが可能となっている。
3) プラスチックは粉砕されて再成型され、製品部材として使用されたり、廃プラスチックと廃材から合成木材などに成型される。廃タイヤは舗装材料などにも再生使用されている。
4) 金属類では、飲料容器のスチール・アルミ缶の回収・再生利用が進んでいるが、鉄鋼製品からの鉄屑回収量も増え、鉄鋼製品の重要な原料になっている。
5) 溶鉱炉における還元剤としてコークスが用いられているが、CO_2発生の抑制の手段として、廃プラスチックを用いる技術も開発されている。
6) 熱源利用としては、発熱量が大きい廃タイヤが代替燃料や補助燃料としてセメント工場や製紙・製鉄業に利用されている（図8-6）。
7) 複写機の部材は、種々の方法で、再資源化されて❺いる。

❶マテリアルリサイクル
（material recycle）
❷サーマルリサイクル
（thermal recycle）
❸▶第3章 p.21 図3-3および側注参照。
❹1.8リットルのペットボトル約13本から1着のユニホームができる。
❺▶第3章 p.21 図3-3参照。

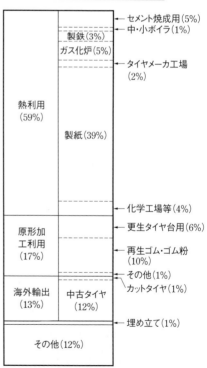

図8-6　タイヤリサイクル状況（2014年）
（「(一社)日本自動車タイヤ協会資料」による）

Column　省エネルギー

省エネルギー化としては，省エネルギー機器の使用やエネルギーの有効活用が進められている。エネルギーの有効活用の例としては，次のようなものがある。

① **コジェネレーションシステム**❶は，ボイラなどで発電に使用した蒸気の余熱を熱源として，温水や暖房用などに複数のエネルギーとして使用するシステムである。

　家庭用にもコジェネレーションシステムが導入されている。発電システムに，燃料電池（⑤参照）を使用する**エネファーム**とエンジンで発電機を回して発電する**エコウィル**がある。

② **太陽光発電**や**風力発電**などの新エネルギーの利用も増えている。

③ 廃水処理時に副生するメタンガスを代替燃料として利用し，電力や熱として利用することが進められている。

④ 自動車では，低燃費と有害排気ガスの抑制のために，エンジンと電気モータを組み合わせた動力を使用した**ハイブリッド自動車(HV)**❷が増えている。さらに，積極的に蓄電池を使用した**プラグインハイブリッド自動車(PHV)**❸や動力を蓄電池のみから得る**電気自動車(EV)**❹も導入されている。

⑤ 水素燃料を使用した，**燃料電池**が実用化されてきている。燃料電池は，水素と空気中の酸素とを電気化学的に反応させることで直接電力を発生させる装置で，発電効率が40%～60%と高く，大気汚染や騒音もないすぐれた特徴をもっているので，工場，家庭などの発電や無公害自動車が期待できる。2014年には，燃料電池を用いた自動車が市場導入された。水素は，水の電気分解や天然ガス・石炭などの化石燃料から得られ，酸素と反応（燃焼）して水になる。また，燃焼温度が高く，高いエネルギーが得られ，余熱として利用することができる。一方，まだ水素燃料の製造段階では，化石燃料が使用されているので，製造時に炭酸ガスの発生がともなっている。再生可能エネルギーなどの利用で，水の電気分解から水素燃料が製造できると，炭酸ガスの発生量を減らすことができる。

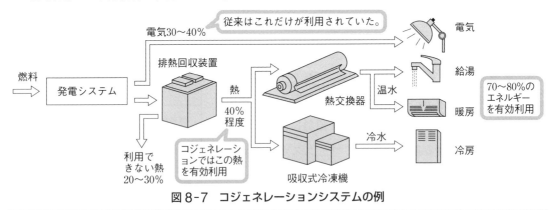

図8-7　コジェネレーションシステムの例

❶co-generation system　発電時に使用した蒸気を有効利用して熱源にしたり，温水をつくり工場や住宅暖房などに利用する方法。燃料電池（水素と酸素を反応させて電気をつくり出す方法）で得られる熱を給湯に利用する家庭用のシステムも導入されている（エネファーム）。
❷Hybrid Vehicle の略。ハイブリッドとは混合物という意味である。
　ハイブリッドの自動車駆動方式には，モータとエンジンを併用する**パラレル方式**と，駆動はモータで，エンジンは発電用として使用する**シリーズ方式**とがある。
❸Plug-in Hybrid Vehicle の略。
❹Electric Vehicle の略。なお，蓄電池による駆動を主体にした PHV や EV は，充電設備が必要になる。

3. 産業廃棄物

廃棄物は，企業から出される**産業廃棄物**❶のほかに，生活系から出される**一般廃棄物**とがある。わが国では，年間5千万トンの一般廃棄物が排出され，産業廃棄物は，約4億トンである。

産業廃棄物を種類別にみると，汚泥が最も多く，ついで動物のふん尿・がれき類となっており，これらで総排出量の81％以上を占めている（図8-8(a)）。

また，産業廃棄物の排出量を業種別でみると，電気・ガス・熱供給・水道業，農業，建設業，パルプ・紙加工業など，鉄鋼業，化学工業となっており，上位6業種で総排出量の86％を占めている（図8-8(b)）。

❶industrial waste
事業活動にともなって生じた廃棄物のうち，燃え殻，汚泥，廃油，廃プラスチック，建設廃材などの19種類の廃棄物。

産業廃棄物以外の廃棄物を一般廃棄物とよぶ。さらに，「ごみ」と「し尿」に分類され，「ごみ」は，「事業系ごみ」と「家庭ごみ」に分類される。

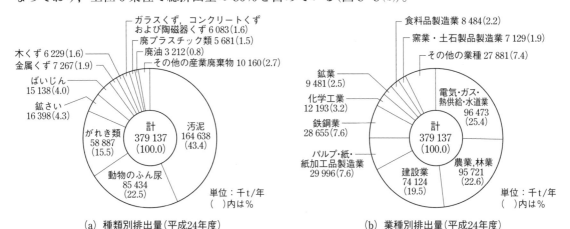

(a) 種類別排出量（平成24年度）　　　(b) 業種別排出量（平成24年度）

図8-8　産業廃棄物の排出量（平成26年12月）（「環境省 報道発表資料」による）

産業廃棄物の処理は，廃棄物の種類や性状によって異なるが，全体の廃棄物の処理の流れを図8-9に示す。

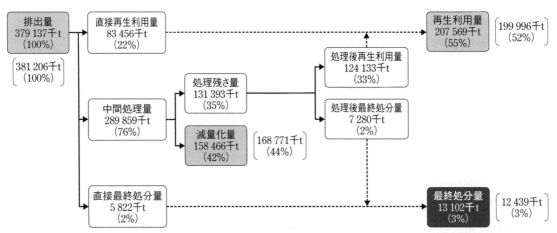

※平成24年度の数値，〔　〕は平成23年度の数値を示す。なお，各項目量は，四捨五入して表示しているため，収支が合わない場合がある。

図8-9　全国の産業廃棄物の処理の流れ（平成24年度実績）
（「環境省 報道発表資料」による）

産業廃棄物の2013年の最終処分量は，2003年に比べて，3分の1以下に減ったが，それでも約1300万トンもあり，最終処分場の残余年数は，2013年時点で13.9年しかない。廃棄物の減量のために，国や企業そして使用者が一体となって対応する必要がある。

2000年には，1970年に制定された廃棄物処理法が改正された。

Column　ダイオキシン

ダイオキシンは，ひじょうに強い急性毒性をもつ化合物である。ダイオキシンの発生源の多くは，ごみ焼却炉の燃焼過程でダイオキシンが意図せずして生成される。対策としては，高温焼却を行ったり，排ガスの処理を行うことで減少させることができる。

ダイオキシン法(1999年)に基づいて，削減計画が確実に実施されたことで，2013年には，1997年の2%以下の排出量になっている。

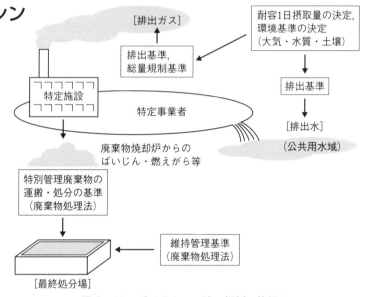

図8-10　ダイオキシン法の規制の枠組み

Column　微小粒子状物質(PM2.5)対策

浮遊粒子状物質(SPM)❶のうち，直径2.5μm以下の粒子をPM2.5とよぶ。ダイオキシン同様に，ボイラや焼却炉などからのばい煙や，自動車・船舶・航空機の排ガス，そしてストーブや喫煙・調理設備などの家庭から発生する一次生成のものと，発生した物質がさらに大気中で光やオゾンと反応して生成される二次生成のものとがある。

現在は，排気物質処理が不十分な工業立地国で発生が著しく，大陸側から偏西風で，日本に飛来する物質が，日本国内でのおもな発生原因になっている。粒子がひじょうに小さく，肺の奥深くまではいり込むため，呼吸器系や循環器系に及ぼす疾患のリスクが高いと考えられている。環境省は，2013年に「微小粒子状物質(PM2.5)に関する専門家会合」を設置し，健康に影響が懸念されることから暫定的な濃度指針などを出している。国としては，国際的な取り組みとして今後検討していくとしている。

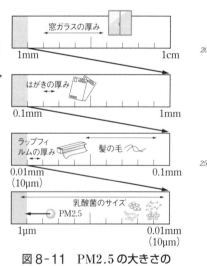

図8-11　PM2.5の大きさのイメージ

❶SPM：Suspended Particle Matterの略。大気中に浮遊する粒子状物質のうち，粒径が10μm以下のものの総称をいう。

2 企業の環境管理活動

1. 環境管理組織とは

環境管理は,経営上重要な位置を占めている。企業の環境管理組織は,図8-12に示すように,社長統括の組織として**環境委員会**を設け,環境委員長は社長または環境担当役員が担当していることが多い。このように,経営の役員が,製造・技術・研究・営業などの各部門を統括する立場から,全社の横断的な環境管理活動を進めている。

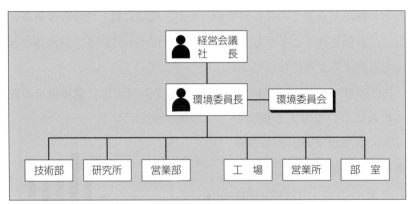

図8-12 環境管理組織体制の例

環境管理では,企業や組織が環境へ負荷を継続的に改善していくための活動を,PDCAサイクルに基づいて実行される。

図8-13に,環境管理におけるPDCAサイクルを示す。

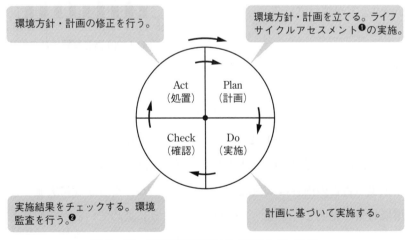

図8-13 環境管理におけるPDCAサイクル

❶Life Cycle Assessment；略してLCAとよばれる。原料から製品が生まれ,使われ,捨てられるまでの間に,環境に与える影響を調査し,それを最小限に抑える方法をいう。▶本章p.144参照。

❷環境に関した活動が,監査基準に照らして適合しているかどうかを判断するためのプロセス。内部による監査や外部による監査などがある。

2. ISO 14001（環境マネジメントシステムの構築）

多くの企業や団体などが，環境マネジメントシステムの国際規格である ISO 14001 を取得するようになってきた（図 8-14）。

これは，**国際標準化機構（ISO）**❶が定めた環境保全に関する国際規格の総称である。この中で，企業や団体などの組織が環境保全に取り組むときのシステムについて規定されている。

日本では，国際規格であることから，海外の受け入れ先で，この認定の取得の有無が問われることもあり，当初，化学工業・電気・機械などの輸出型企業での取得が多かったが，環境に対しての取り組みとして，評価されることから，各種の業種に広がっていき，自治体などでも取得するようになっている。❷

ISO 14001 の認定を取得することは，企業の経営者に環境保全の取り組みについて考える機会を与え，トップダウンの意識革命を進める契機となっている。

企業の認識している ISO 14001 の認定取得による効果は，「環境への意識向上」が最も多く，ついで「環境の負荷低減」，「コスト削減」，「対外的な信用向上」などが続いている。

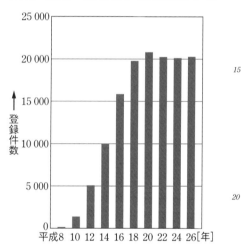

図 8-14　ISO 14001 審査登録件数の推移
（2006 年「日本規格協会」および 2015 年（公財）「日本適合性認定協会資料」から作成）

3. 環境報告書

各企業では，自社の環境への取り組みに対して年度報告として，「**環境報告書（環境レポート）**❸」を公表している。環境報告書単独としてではなく，**CSR 報告書**❹の一部としての公表が増えつつある。

環境報告書の内容は，環境への方策（環境方針）や各年度に実施した環境対策を説明し，環境への配慮をどのように進めているかを記載しているので，企業の環境に対しての取り組みを知るうえでひじょうに有効な資料である。企業のホームページ上に詳細が記載されていることが多い。

---

❶ International Organization for Standardization；略して，ISO とよばれる。

❷ ISO 14001 認定取得件数は，2015 年 10 月 28 日時点で，18 339 件になった。

❸ 各企業は，自社のイメージアップにもつながることから，最近は積極的に報告書をまとめている。これらは，インターネット上での企業紹介でも大きなスペースを占めている。

❹ Corporate Social Responsibility；略して，CSR とよばれる。企業の社会的責任と訳される。CSR で企業は，自社の経営のほかに，消費者や環境への配慮，地域への貢献などの責任をもつことが必要であるとしている。

4. 環境会計

　企業は，投資家・金融機関・地域社会・取引先・消費者・従業員など周囲から評価され，社会の支持を得るためにも情報の開示を行い，説明する責任がある。企業は，経営面のほかに，環境面からも評価されるようになり，企業側からも積極的に環境報告をするようになった。

　環境報告書には，積極的に環境に対応していることを定量的に示す手段として，**環境会計**を報告している。

　環境会計とは，環境保全のための活動とその効果を金銭的に評価し，会計報告として発表した情報である。環境保全にかかったコストと環境保全効果を金額的にまとめ，損益として表している。

❶▶企業会計として第10章で詳しく学ぶ。

5. 環境アセスメント

　環境アセスメントとは，幹線道路・鉄道や空港の建設，ダムや発電所の建設，大規模な都市開発など地域の環境に対して，大きな影響を与えると考えられる事業(図8-15)を実施する前に，あらかじめ，環境への影響を予測・評価し，その結果に基づき，その事業について適正な環境配慮を行うことをいう。

❷environmental impact assessment
　行政用語では，**環境影響評価**という。
❸13の事業が法律で対象事業として定められている。

(a) 空港

(b) ダム

(c) 発電所

- 高速道路
- 鉄道
- 廃棄物最終処分場
- 工業団地造成事業
- 公有水面埋立・干拓 など

(d) その他

図8-15　環境影響評価法の対象事業例

　わが国では，1997年に「**環境影響評価法**」を制定した。

　開発事業によって，環境の影響を受けるのは地域住民であり，環境アセスメントの手続きには地域住民が参加して意見を出すことが不可欠である。

　これにより，事業や地域の特性に応じた項目や手法が選定され，地域住民や専門家・地方公共団体と事業者との間で，環境保全について情報交流が行われるようになった。

　環境アセスメントの手続きの流れは，図8-16のようになる。

❹1999年に施行された。
▶第11章 p.185 参照。

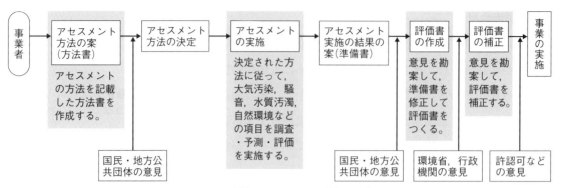

図8-16 環境アセスメント手続きの流れ

3 環境への取り組み

1. LCA（ライフ サイクル アセスメント）

製品を原材料採取から製造，流通，使用，廃棄に至るまでの一生（ライフサイクル）で環境に与える影響を分析し，まとめ，総合評価する手法をLCA（ライフ サイクル アセスメント）❶という。製品の環境分析を定量的・総合的に行う点が特徴である。❷

また，評価対象が環境という大きな項目のため，地球温暖化・オゾン層破壊・オキシダント・酸性雨など，項目で指標が異なってくる。たとえば，地球温暖化では炭酸ガス（CO_2）が，酸性雨では硫黄酸化物（SOx）や窒素酸化物（NOx）が指標となる。総合的な環境影響評価を行うには，各評価項目について重みづけして評価することが必要である。

たとえば，炭酸ガスの排出量を評価項目とすると，原料・製造・流通・廃棄などの各段階で要素ごとに炭酸ガス排出量を換算して計算し，その計算結果から，どの段階での環境負荷がどの程度かが判断でき，その対応策が的確にとれるようになる。

表8-2は，ある工場での製品について，LCA試算による炭酸ガス排出量を調べたものである。表より，使用燃料や製品を輸送する場合に，空輸と鉄道ではかなり違うことがわかる。また，廃棄物の処理では，溶鉱炉へ廃プラスチックをコークスの代替として用いると，コークスに対して，炭酸ガス排出量が減る換算係数になっていることがわかる。

企業は，LCAの計算結果を，開発製品の環境目標設定や製品の改善・改良に役立てている。また，結果を積極的に開示し，環境報告書などにも公表して企業イメージの向上をはかっている。

❶LCAに関する国際基準として，ISO14040がある。
❷LCAは，まだ新しい評価手法で，今後さらに統一的な評価手法が確立すると思われる。

表 8-2　ある製品における LCA 試算（炭酸ガス（CO_2）排出量）

項目	詳細内容	単位	CO_2 排出量 [kgCO_2/単位]
材料	鉄鋼一般	kg	2.22
	SUS（Ni・Cr 系）	kg	4.80
	アルミニウム	kg	1.38
	樹脂一般	kg	2.00
	ゴム一般	kg	4.72
	ガラス	kg	0.59
購入部品	モータ	千円	3.90
	ボルト・ナット	千円	9.02
	軸受	千円	7.74
	CRT 受像機	台	118.98
	カラー液晶モニタ	台	41.73
	金型	千円	5.03
部品加工工程	板金加工	千円	0.46
	切削・研削加工	千円	0.86
	樹脂成型	千円	1.41
	ダイカスト加工	千円	2.15
	めっき処理	千円	2.28
エネルギー	電力（購入）	kWh	0.47
	重油	liter	2.76
	LPG	liter	1.65
上下水	上水道	ton	0.39
	工業用水	ton	0.07
	下水道	千円	6.01
物流	鉄道貨物輸送	t・km	0.03
	道路貨物輸送	t・km	0.26
	国内航空輸送	t・km	1.19
廃棄・再利用	樹脂焼却	kg	約 2.60
	埋立	kg	0
	樹脂の高炉原料（対コークス）	kg	−約 1.0

2. グリーン購入

　製品やサービスなどを購入するとき，再生紙や再生プラスチック，省エネ商品のような環境に配慮した製品を優先的に購入することを**グリーン購入**という。

　官公庁が率先して，環境配慮製品の調達方針を立てて取り組むことを目標とした**グリーン購入法**❶が，2001 年に施行された。この法律に基づき，各省庁や特殊法人・自治体などにはグリーン購入を義務づけるとともに，企業・消費者団体や個人にもグリーン購入を勧めている。❷

　また，企業が部品・材料の購入にあたって，企業独自の環境方針に基づいて，基準を設けて部材納入業者に対して基準遵守を要求するようになった。❸基準を満たせない納入業者に対しては，改善ができない場合には取引の停止などの措置も考えられる。さらに，下請けや納入業者の評価を行い，取引先認定を行っていることが多い。この場合，

❶正式名称は，「国家による環境物品等の調達の推進等に関する法律」である。
❷私たちが，グリーン商品をみわける手段として，第三者認証による環境ラベルがある。
▶本章 p.146 参照。
❸**グリーン調達**や**グリーン購買**といわれている。

ISO 14001 を取得している企業は優先して認定される。

3. 環境ラベル

環境保全に配慮している製品であることを顧客が識別できるように，その指標として**環境ラベル**❶がある。

環境ラベルは，ISO で三つのタイプが定められている。

❶製品の環境側面に関する情報を提供するもので，**エコマーク**などがあり，第三者が一定の基準に基づいて環境保全に資する製品を認定するもの，事業者がみずから製品の環境情報を自己主張するもの，LCA(Life Cycle Assessment)を基礎に製品の環境情報を定量的に表示するものなどがある。

表8-3 ISO の環境ラベルに関する規格

ISO における 名称および該当規格	特　徴	内　容
タイプⅠ （ISO14024） "第三者認証"	第三者認証による環境ラベル	・第三者実施機関によって運営。 ・製品分類と判定基準を実施機関が決める。 ・事業者の申請に応じて審査して，マーク使用を認可。
タイプⅡ （ISO14021） "自己宣言"	事業者の自己宣言による環境主張	・製品における環境改善を市場に対して主張する。 ・宣伝広告にも適用される。 ・第三者による判断はいらない。
タイプⅢ （ISO14025） "環境情報指示"	製品の環境負荷の定量的データの表示	・合格・不合格の判断はしない。 ・定量的データにのみ表示。 ・判断は購買者に任される。

（環境省「環境ラベル等の紹介ページ ISO の環境ラベルに関する規格」による）

とくに，エコマークは，多くの商品につけられているが，このほかにもさまざまなマークが用いられるようになった。今後も環境ラベルが多くの商品に展開されることが期待されている。

図8-17，18に環境ラベルの例を示す。

エコマーク　ライフサイクル全体を考慮して環境保全に資する商品につけられる。ISO の規格に則った日本で唯一のタイプⅠ環境ラベル制度である［日本環境協会］。

国際エネルギースタープログラム　OA 機器について，待機時，スリーブ・オフ時の消費電力に関する基準を満たす商品に表示するマーク。日・米・EU 等9か国・地域が参加［経済産業省］。

牛乳パック再利用マーク　原料の一部または全部に使用ずみ牛乳パックを使用した商品につけられる［牛乳パック再利用マーク普及促進協議会］。

再生紙使用マーク　古紙配合率を示す自主的につけるマーク。古紙パルプ配合率100％再生紙を使用している［3R 活動推進フォーラム］。

省エネラベリング制度　省エネ法により定められた省エネ基準をどの程度達成しているかを表示する制度。達成している場合は緑色，未達成の場合は橙色のマークを表示できる［経済産業省］。

グリーンマーク　原料に古紙を原則として40％以上利用している製品につけられる［(公財)古紙再生促進センター］。

図8-17　おもな環境ラベルの例（環境省「環境ラベル等の紹介ページ マーク索引」による）

＊スウェーデン・ノルウェー・フィンランド・アイスランド・デンマーク

図8-18　世界のタイプⅠの環境ラベル
（環境省「環境ラベル等の紹介ページ　世界の主要なラベル」による）

このほかに,「**資源の有効な利用の促進に関する法律**」に基づいて表示される**識別表示マーク**がある。これは,分別回収を促進するためのマークである。おもな例を図8-19に示す。

❶「資源有効利用促進法」による。

図8-19　識別表示マーク
（環境省「環境ラベル等の紹介ページ　リユース・リサイクルのための表示」による）

問3　環境ラベルのついた製品はどのようなものがあるかあげてみよ。

問4　3Rの例を身のまわりの製品から探してみよ。

Column　PRTR制度

　有害性のある化学物質がどのような発生源から，どれくらい環境中に排出されたか，あるいは事業所から外に運び出されたかというデータを事業所が把握・届出を行い，国が公表するしくみを，**化学物質排出移動量届出制度**(PRTR)❶という。わが国では，1999年にPRTR法が制定された。

　PRTR制度において，事業者は**指定化学物質**❷やそれを含む製品をほかの事業者に出荷するときに，その成分や性質，取り扱い方法などに関する情報を**安全データシート**(SDS)❸として交付することが義務づけられている。最近は，化学物質以外の製品に関しても**安全データをまとめた資料**(AIS)❹を提供するようになってきた。

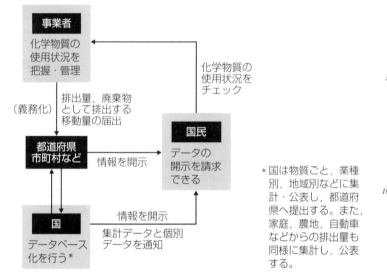

図8-20　PRTR制度の基本的なしくみ

＊国は物質ごと，業種別，地域別などに集計・公表し，都道府県へ提出する。また，家庭，農地，自動車などからの排出量も同様に集計し，公表する。

❶Pollutant Release and Transfer Register；略して，PRTRとよばれる。
　1970年代にオランダで，また1980年代にアメリカで導入された。重要性が国際的に広く認められるきっかけになったのは，1992年に開催された国際環境開発会議である。OECDの積極的な取り組みがあり，現在では多くの国々がPRTR制度を実施したり，導入に向けた取り組みを進めている。
❷ホルムアルデヒド，ダイオキシン類，PCBなど第一種指定化学物質(462物質)と第二種指定化学物質(100物質)を合わせた562の物質が対象とされている。ちなみに，PRTR制度の対象物質は，第一種指定化学物質の462物質である。
❸Safety Date Sheet；略して，SDSとよばれる。当初はMSDS(化学物質等安全データシート[Material SDS])とよばれていたが，世界統一ルールに合わせた。
❹Article Information Sheet；略して，AISとよばれる。製品安全データシート。

章末問題

1. 企業の環境対策が必要なのはなぜか。
2. 現在，工場では，熱源の燃料として重油を使用し，製品の洗浄には水道水を使用している。
　また，生産計画が不十分で納期に遅れが発生し，製品輸送を空輸によることが多い。
　環境負荷を減らすにはどうしたらよいか，考えてみよ。
3. 次の語句を簡単に説明せよ。
　　　　公害　　環境会計　　循環型生産　　環境ラベル
4. 私たちが現在の日常生活の中でできる環境対策をあげよ。

第9章 人事管理

この章では,採用から退職までの管理活動について,人事管理の役割,人事政策,人事育成,人事考課などを通して学習しよう。

企業内における技能訓練風景

1 人事管理の役割と意義

人事管理は,図9-1に示すように会社に入ってから退職するまでの私たちの職場での生活に関係したいろいろなことを扱っている。

企業にとって人事管理は,「必要な人を採用し,その人を職場に配属する」という,人材を合理的に活用するための管理活動ということができる。人材の有効な活用は企業にとって最も重要な課題である。

採用管理(採用試験,入社,労働契約など)

教育・人材育成(新人社員教育,職業教育)

配置・異動管理(所属部決定)

人事考課(給与・賞与,支給,昇給・昇進)

福利厚生(住宅の手当,社員家族の福利,退職の手配など)

図9-1 人事管理における仕事

図9-2は，人事管理の仕事とその関連について体系化したものである。

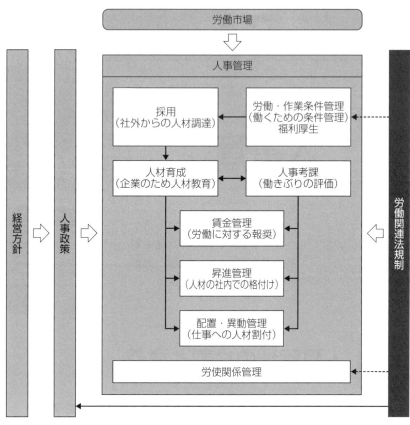

図9-2　人事管理の体系

わが国では「従業員の生活保障をたいせつにする」という考え方で，雇用と生活費にみあう給与を従業員に保障することを目的に，**終身雇用制度**❶と**年功制度**❷が，従来おもに採用されてきた。

このように，これまでは社内で人材を育成し，活用するという**人事政策**❸を採用することで，従業員が自分自身の能力向上をはかり，従業員と使用者が協力して企業の維持・発展に努力するという労使関係がつくられてきた。しかし，154ページの図9-4にみられるように，平成7年(1995年)ごろから正規雇用(正社員)という契約形態は大幅にみなおされ，非正規雇用(非正規社員)による人事政策が進みつつある。

企業は，今後ますます進む少子高齢化に対応しながら，高い賃金水準を維持し，国際進出していかなければならない。そのためにも企業は，新しい経営方針に基づいた人事管理を行わなければならない時代になってきている。

❶期間の定めのない契約によって，定年まで雇用する人事制度。
❷年齢と勤続年数によって給与が上昇する給与体系。
❸▶本章 p.152 参照。

2 労働契約と労働関連法規

私たちが企業に就職しようとするときに，提示される求人案内の労働条件は，どのようにして決められているのだろうか。ここでは，労働契約と法律の関係を学習しよう。

日本国憲法第27条には「すべての国民は，勤労の権利を有し，義務を負う。」と定められ，私たちは**働く権利**を与えられ，**働く義務**を負わされている。すなわち，私たちは，労働力を企業に提供し，その対価として賃金の支払いを受けている。

私たちと企業は，給与の支払い方法❶や勤務形態❷などの条件を話し合い，**労働契約**を結ぶことになる。しかし，労働者は雇われる立場にあり，国は労働者を保護するために，労働契約のための最低基準を**労働基準法**❸に定めている（表9-1）。

❶**月給制** 月に一度の給与が支払われる制度。
日給月給制 日給の合計が月に一度支払われる制度。
日給制 労働した日に日給が支払われる制度。
年俸制 年間給与による契約。
❷日勤，夜勤，交替勤務などの形態がある。
❸▶労働関係法令については，第11章 p.180「3.労働関係に関する法律」参照。

表9-1 労働基準法の概要

章番号	表題	内容
1章	総則	労働基準法で定める基準が労働条件の最低基準であることなどの法の原則が書かれている。
2章	労働契約	労働者が使用者と結ぶ労働契約の内容について，使用者に対して規制を加えている。
3章	賃金	給料の支払い方法，最低賃金などについて規定している。
4章	労働時間，休憩，休日及び年次有給休暇	労働時間や休日，年次有給休暇（給料をもらえる休暇）の日数などについて規定している
5章	安全および衛生	安全と衛生（労働安全衛生法）について規定している。
6章	年少者	児童（15歳未満）の使用禁止，年少者（18歳未満）の保護などを規定している。
6章の2	女性	産前産後の休暇などの女性特有の事項を規定している。
7章	技能者の養成	職業訓練と労働者の酷使の禁止などを規定している。
8章	災害補償	労働者の業務上の災害に対する補償などを規定している。
9章	就業規則	就業規則（始業時間など）の作成や届出を規定している。
10章	寄宿舎	寮などを使用する労働者の自由について規定している。
11章	監督機関	労働基準監督署の権限，義務などを規定している。
12章	雑則	法令や規則を労働者に周知する義務を規定している。
13章	罰則	労働基準法に違反した企業への罰則が規定されている。

このほかに，労働基準法の関連法令として，最近の社会の変化に対応して，「高年齢者等の雇用の安定等に関する法律」，「パートタイム労働法」❹，「男女雇用機会均等法」などの法令が制定されている。

男女雇用機会均等法のおもな内容を，表9-2に示す。

❹▶第11章 p.182参照。

表9-2 男女雇用機会均等法のおもな内容

事　項	内　容
雇用の分野における男女の均等な機会および待遇の確保	募集・採用の差別禁止，配置・昇進・教育訓練の差別禁止，省令で定める福利厚生の差別禁止，定年・退職・解雇の差別禁止，女性優遇措置の原則禁止
紛争の救済措置	都道府県による援助・調停制度
ポジティブアクション	固定的な役割分担意識や過去の経緯から管理職を男性が占めるなどの状況解消のための企業の積極的な取り組みへの国の援助
就業にあたっての配慮措置	セクシュアルハラスメントの防止 妊娠中，出産後の健康管理への配慮

問 1 労働基準法の意義と労働契約について話し合ってみよ。

3 人事政策と人事管理

1 人事政策と組織編成

企業は「どのような製品を製造して販売するか」を決定したとき，そのために必要な職務❶の量と質を決定し，実行するための組織を編成する。組織編成でも，従業員をどのように考えるかという**人事政策**が基本となる。

組織編成には，職務の内容と責任・権限を明確にし，外部から人材を採用する**職務主義**と，中核になる職務について社内で担当者を決め，補助的な職務は人材の能力に合わせて柔軟に部門に配分する**属人主義**がある。

職務主義では，現場従業員は「与えられた仕事を決められたように遂行すること」が求められる。

属人主義では，現場従業員は「改善すべき点を最もよく知っている。その知識と能力を活用することが効果的，かつ高い労働意欲を引き出す」と考えられている。

わが国では，属人主義を採用することが多いが，人事政策によって**組織編成**❷に対する考え方は異なる。

問 2 日本と欧米の組織編成の違いについて自由に話し合ってみよ。

❶たとえば，旋盤加工，品質管理，販売などの仕事がある。

❷欧米では少ないが，組織編成においては，日本では人材の能力をもとに組織の職務内容を変更したり，教育的にある職位につけて育成していくような組織編成がみられる。

2　労働者区分と人事制度

私たちは企業に入ると,いろいろな立場の人といっしょに働くこととなる(図9-3)。企業はいろいろな労働者に対して,管理のしやすさと効率性から雇用形態や職務内容などで区分して人事管理を行う。

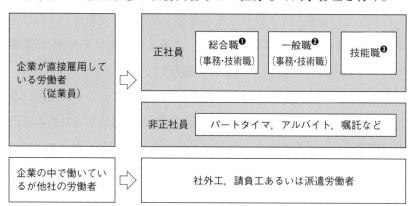

図9-3　雇用形態からみる多様な労働者グループの例

❶転勤を前提とした事務・技術職の総称。
❷転勤を前提としない事務・技術職の総称。
❸電気工・機械工などの総称。

また近年,正社員の格付けに部長や課長などの**役職制度**のほかに**職務遂行能力**による**職務資格制度**❹を併用する**人事制度**を採用する企業が増えている。

人事制度の評価尺度には,年齢や勤続年数を尺度とする**年功制度**と従事している仕事の重要度を尺度とする**職務分類制度**がある。

勤続年数だけを重視すると従業員は問題なく勤めようとするが,仕事を尺度とすれば評価される仕事につくための能力養成に努力する。

このように人事制度は,「従業員に何を求めるか」という企業の考え方を示すことであり,従業員個人の**キャリア**❺開発の目標設定にもなる。

❹技術職・研究職・総合職・一般職などのような職務による分類ごとに,経験や能力によって資格を考える制度。
技術職1級・総合職3級・副参事・理事といった名称が使われる。

❺career
どのような仕事をし,どのような能力をもっているかという職務経歴。

問3　人事制度の目的について考え,どのような人事制度がよいかを話し合ってみよ。

3　採用管理

私たちは希望する企業に入社しようとするとき,採用試験を受けることになる。社員の採用について,企業はどのような管理をしているのだろう。

採用管理は,必要とする人材を募集・選考して採用を決定し,どのような契約を締結するかを管理する。

採用管理では,まずどのような人材を何人採用するのかを決定する

3　人事政策と人事管理　**153**

必要がある。これを**目標要員数**という。目標要員数は、仕事から必要とされる人数と、企業経営の面から、目標売上高に対する人件費比率や目標とする付加価値額に対する**労働分配率**❶から算出される人数との調整で決められる。目標要員数が決まると、次にどのような人材を、どのような方法で募集・採用するかを決定する。

わが国では従来、①正社員は新卒者を学歴別に年度初めの4月に定期的に「期間の定めのない雇用契約」❷、②非正規雇用は不定期に「期間の定めのある雇用契約」という方法で採用してきた。

多くの企業は、事業の繁忙といった要員の変動に対応するため、あるいは人件費削減、また新規事業展開に試行的に対応するための専門人材確保といった観点から、正社員以外に、パートタイマ、アルバイト、派遣社員、契約社員などの非正規雇用を定常的に使う傾向が増加している。わが国では、すでに図9-4に示すように、約4割が非正規雇用によって占められている。また、産業構造の変化、生産年齢人口の減少、国際化への対応といった課題に対応するため、そして女性や外国人の有効活用をはかるため、採用を増やしている。さらに、従来の新卒定期採用をして企業内教育で人材を育成するという採用管理から、非定期採用あるいは期間採用を経験させたあとに正式に入社を認めるという採用方式も導入している。

❶総付加価値に占める労働者所得の比率。

❷正社員に採用する場合でも、試用期間を定めている企業は多い。
労働基準法では、試用期間が認められている。

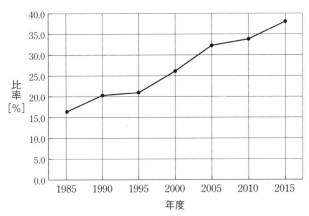

図9-4 全雇用者に占める非正規雇用の職員・従業員比率
(総務省統計局「労働力調査」による)

4 労使関係

労使関係とは、経営者と従業員の関係のことをいい、「使用者と労働組合」と「使用者と従業員」の二つの面がある。企業に雇用されると、

従業員は**労働組合**に加入する場合が多い。

　労働組合は，労働者と使用者が対等の立場で労働条件の維持・改善や経済的地位の向上をはかるために組織された団体である。1945年に，労働組合法が制定され，労働組合は急速に組織化された。労働組合法では，組合代表者他の交渉権限，正当な争議行為の刑事上の責任免除，**労働協約**❶の効力および労使関係の調整を行う労働委員会などが定められている。労働組合には，労使協調を原則とした企業別組合が多く，それを基礎として産業別組合が組織され，これらの産業別組合はさらに複数の上部団体に加盟している。

　わが国の企業では，将来も雇用を保証するという経営方針のもと，従業員との人間関係で信頼関係を築くよう努力が行われてきた。しかし，2000年ごろから，必要な時点で，必要な労働力を調達するという欧米型の雇用関係を志向する企業が増加しつつある。中には，将来設計を立てることができないほどの低賃金の支払いを行ったり，私生活が崩壊するほどの長時間労働を強いたりする**ブラック企業**とよばれる企業も出てきている。

❶組合が使用者と結んだ労働契約。組合員にとっては，この労働協約が個人の労働契約となっている場合が多い。

　労働協約がない場合は，個人は使用者と労働契約を結ぶこととなる。

Column　ハラスメント

　ハラスメントは，相手に対して不快な印象を与える行為で，**セクハラ**❷，**パワハラ**❸のほか，いろいろな言葉が使われている。厚生労働省が定義しているハラスメントはセクハラとパワハラで，セクハラは「職場において，労働者の意に反する性的な言動が行われ，それを拒否するなどの対応により，解雇，降格，減給などの不利益を受けること」または「性的な言動が行われることで職場の環境が不快なものとなったため，労働者の能力の発揮に悪影響が生じること」をいう。男女雇用機会均等法により，事業者にその対策が義務づけられている。また，パワハラは「同じ職場で働く者に対して，職務上の地位や人間関係などの職場内の優位性を背景に，業務の適正な範囲を超えて，精神的・身体的苦痛を与える，または職場環境を悪化させる行為」をいう。具体的には，以下の①〜⑥の六つの行為をパワハラと定義している。パラハラの対策として，リーフレットの配布や，「パワーハラスメント対策取組支援セミナー」などが開催されている。

　①暴行・傷害（身体的な攻撃），②脅迫・名誉毀損・侮辱・ひどい暴言（精神的な攻撃），③隔離・仲間はずし・無視（人間関係からの切り離し），④業務上あきらかに不要なことや遂行不可能なことの強制，仕事の妨害（過大な要求），⑤業務上の合理性なく，能力や経験とかけ離れた程度の低い仕事を命じることや仕事を与えないこと（過小な要求），⑥私的なことに過度に立ち入ること（個の侵害）

❶セクシュアルハラスメント（sexual harassment）の略。和製英語である。
❷パワーハラスメント（power harassment）の略。和製英語である。

3　人事政策と人事管理

4 人材育成

1 人材教育

　企業では，企業が必要とする人材を養成するために，従業員に対してさまざまな**教育訓練**が行われる。まず第一に，従業員が実際の仕事をするために必要な能力をつけさせる。仕事に必要な能力には，次のようなものがある。

① 企業の方針を理解して自分が行う課題を設定する**課題設定能力**
② 目的を達成する**職務遂行能力**
③ 他人と協力して目的を達成する**対人能力**
④ 目的を達成する過程で起こる問題を解決するための**問題解決能力**

　従業員は高齢になっても専門的な能力を生かして活躍できることが望ましく，企業が必要とする高度な専門能力は，従業員が若い時代から積み上げてはじめて獲得できるものである。個人に焦点を当てたキャリアの段階ごとに継続的な**教育訓練体系（CDP）**❶の重要性が強調されている。

　教育訓練体系の分類を，図9-5に示す。

❶キャリア開発プログラム
　Career Development Program の略。

❷On the Job Training の略。

❸OFF the Job Training の略。
❹self-development

```
                    ┌─ 基礎的研修 ……… 入社時のある時点の従業員を対象とする
        対象・内容  │                 新入社員研修，三年次研修など。
        による分類  ├─ 部門別研修 ……… 営業，生産などの職能別に必要な知識・
                    │                 技術を教育する研修。
                    └─ 課題別研修 ……… 課題を絞って研修する。コンピュータ研
教育訓練                                修・国際化研修など。
                    ┌─ OJT❷ ……… 上司や先輩の指導のもと，職場で働きな
                    │             がら行われる訓練。時間的・コスト的に
                    │             効率的である，文書などで表現できない
        教育方法に  │             技能を伝達できる，直接役立つ知識・技
        よる分類    │             術を習得できるため，学習意欲が高まる，
                    │             能力・適性や仕事の必要度に応じた教育
                    │             が可能，などの利点がある。
                    ├─ OFF-JT❸ ……… 教育などで行われる訓練。
                    └─ 自己啓発❹ ……… 通信教育などを利用して，自分で勉強す
                                       る方法。
```

図9-5　教育訓練体系の分類

企業では，OJTと**自己啓発**を重視している。

OJTは，上司の能力や意欲によって効果が大きく左右されるため，上司教育にも力を入れている。

自己啓発については，パンフレットを配布するなどの支援策だけでなく，研修補助金を出したり，時間的な支援を行う企業もある。

また，わが国では「職業訓練は企業内で行う」という考え方が強くある。この背景には，その企業だけで通じる能力をOJTで教育し，従業員を長期に勤続させることで，教育投資費用を回収するという考え方があるためといわれている。❶

問 4 OJTと自己啓発を企業が重視する理由を考えてみよ。

2 配置と異動

最近，私たちのまわりでも単身赴任という言葉をよく耳にする。企業はどのようにして，従業員を動かしているのだろう。

「従業員を職務に配分すること」を**配置**，「従業員を企業内で異なる職務に移すこと」を**異動**という。

異動管理では，異動理由と異動先が問題になる。異動理由には，業務の必要性と，従業員の新たな能力を開発するという二つの理由があげられる。異動先については，労働契約に職務・勤務地・期限の定めがないため，企業主導型となり，次のような問題が生じる。

① 従業員の能力と希望に合った異動が行われないおそれがある。
② 従業員の生活上の摩擦が大きくなる。
③ 異動が**出向**❷という形態をとり，企業内に限定されない。

このような問題に対応するために，表9-3に示す制度が導入されている。

表9-3 新しく導入されている制度の例

制度	概要
自己申告制度	個人的事情や希望を従業員本人に申告させ，それを考慮し，適正な配置とキャリア開発を行う制度
社内公募制度	新規事業をはじめるときに，社内募集をし，個人が自由に応募して選考に通れば，異動できるようにする制度
勤務地限定労働者制度	単身赴任問題を回避するため，従業員の勤務地をあらかじめ限定しておく制度

問 5 異動について，どのような考え方をすべきか話し合ってみよ。

❶企業外の職業訓練施設として公共職業訓練施設がある。これらの施設は全国に平成25年4月時点で約240施設あり，平成24年度には約27万人が職業訓練を受けている。

❷従業員の身分を維持したままで，別の企業の社員として仕事をする異動をいう。

5 人事考課と処遇

1 人事考課

　従業員の仕事ぶりを企業はどのような方法で評価するのだろうか。
　企業が従業員の仕事上の貢献度を評価し，給与や昇進・昇格の決定に反映する活動を**人事考課**という。仕事は組織で対応することが多く，個人の貢献度を直接測定することはむずかしい。従業員の仕事に対する評価は，従業員が納得する基準によって決められなければならない。そのために評価の基準にはとくに,「客観性」,「公平性」,「透明性」が強く求められる。

　「仕事をする」ということは,「ある能力をもつ人が，ある業績を達成することである」といえる。そこで貢献度を表9-4に示すような**能力**，**情意**，**業績**とよばれる三つの評価基準で間接的に従業員を評価することが行われる。❶

> ❶評価の中で，とくに最近は積極的な姿勢を評価する**加点主義**が重視されている。

表9-4　評価基準とその細目

評価基準	評価基準の細目
能力	知識・技能，理解力，説明力，判断力，指導力，折衝力など
情意（姿勢）	積極性，責任感，協調性，規律性，革新性，部下育成，全社的視点など
業績	目標管理による業績

　評価結果は昇進・昇格と昇給・賞与の決定に用いられ，とくに情意評価と業績評価は賞与に反映されることが多い。また業績評価では，最近は，**目標管理**による評価がよく用いられている。
　目標管理は，次のような方法で行われる。
　① 評価期間の初めに，部下と上司の間で業務目標を決める。
　② 評価期間の終わりの時点で，目標に対する達成度によって業績を評価する。
　この方法は部下を管理統制するのではなく，部下の自主性を引き出すことで効率的な組織を形成することができる業務評価方法であるといわれている。

問6　仕事の貢献度を測定する方法について考えてみよ。

2　賃金管理

　企業が負担する費用は**労働費用**とよばれ，現金給与と現金給与以外の費用(退職金，福利厚生など)で構成されている。
　表9-5に，労働費用の構成を示す。
　企業は給与等の報酬のほかに，業務上でけがをした場合の保険の支払いや社内教育，保養のための福利厚生施設等の運営費用を，従業員に対して負担している。

表9-5　労働費用の構成比(30人以上規模)

労働費用総額 100%	現金給与額 81.5%	毎月きまって支給する給与(所定内給与(基本給・諸手当)・所定外給与)	67.2%
		賞与・期末手当	14.3%
	現金給与以外の労働費用 18.5%	法定福利費	10.8%
		法定外福利費	2.0%
		現物給与の費用	0.1%
		退職給付等の費用	5.0%
		教育訓練費	0.3%
		募集費	0.1%
		その他の労働費用	0.1%

(厚生労働省「平成23年度 就労条件調査」から作成)

　労働費用のうち，現金給与にかかわる管理を**賃金管理**とよぶ。企業では，従業員に世間並みの給与水準を確保することと，経営の支払い能力からみて適正な水準を維持することの調整をはかりながら，次の観点で賃金管理を行っている。
　① 従業員を確保する。
　② 労働意欲の向上をはかる。
　③ 従業員を有効活用しながら，労使関係が安定するようにする。
　賃金管理には，賃金総額と個人の給与をいくらにするかという二つの機能がある。
　賃金総額は，①企業としての付加価値の伸びと，②❶春闘賃上げ率❷などの社会的相場を勘案して決定されている。
　賃金総額が決まると，個人の給与が賃金制度に従って決定される。
　給与はおもに次の四つの要素で構成される。
　① **基本給**　退職金や賞与，手当の算定基礎となる長期の評価に基づく給与
　② **業績給**　短期の評価に基づく給与

❶毎年春(2月)ごろから行われる。賃金の引き上げや労働条件の改善といった要求をかかげ，労働組合が経営(使用者)に対して行う労働運動をいう。
❷春闘賃上げ率とは，各年の春闘の結果，各経営の使用者と労働組合間で妥結(合意)した平均の賃金引き上げ率をいう。

③ **手　当**　特殊作業手当や家族手当など

④ **所定外給与**　法律によって定められている残業手当など

一般に，月給といわれる毎月の給与は，基本給と手当で構成され，賞与は業績給に対応している場合が多い。

基本給は，**職務給・職能給・属人給**の側面で考えられる。多くの企業は，職務給・職能給の側面をもつ**仕事給**と，属人給を組み合わせた**総合給**を採用している（表9-6）。

大企業では，仕事に注目し，仕事給と属人給を分けていることが多い。また，昇給はこの基本給の上昇を意味する場合が多く，**定昇**❶と**ベア**❷の要素を含んでいる。

❶**定期昇給**の略。
　人事考課のランクに対応して給与が上がる賃金制度に基づく昇給。
❷**ベースアップ**の略。
　企業が行う賃金制度改定に基づく昇給。

表9-6　職務給・職能給・属人給の比較

タイプ		基　準	長　所	短　所
総合給	仕事給 職務給	職務の重要度・困難度等	仕事に給与が連動し，組織が決まると賃金総額が決まる。	市場環境変化に対する社内の人員配置の柔軟性がない。
	仕事給 職能給	職務遂行能力	人員配置の柔軟性がある。労働者の能力向上意欲を高める。	労務構成が変化すると賃金が変わり，賃金管理がしにくい。
	属人給	年齢・学歴・勤続年数等	従業員に生活保障という帰属意識をもたせる。	仕事と関係がないため，不公平感をもつ。

問7　賃金制度の構成について話し合ってみよ。

3　昇格・昇進管理

企業では一般に，**役職制度**と**職務資格制度**を併用しており，**昇格・昇進管理**はこの昇進と昇格に関する管理活動である。

技能職3級から技能職2級になるような資格で上のランクになる場合を**昇格**とよび，係員から係長になる職位で上のランクになる場合を**昇進**とよぶ。

昇格と昇進では，実施のための基準が異なる。昇格はある基準を超える能力と一定の在籍年数があれば昇格できる。昇進は，毎年の人事考課の積み上げられた評価が認められ，さらに役職に空席があることなどが必要になる。

問8　昇進の意義について話し合ってみよ。

6 福利厚生

従業員は社内食堂で食事したり，会社の保養施設などを利用することがある。**福利厚生**は，企業が従業員と家族の健康・生活・休養などの維持・増進のために設けた施設や制度の総称で，労働費用の一部を占めている。また，福利厚生制度としては表9-7に示すような内容がある。

表9-7 福利厚生制度の概要

項　目	内　　容
職場関係	休憩室，更衣室，洗面所・浴場，駐車場，作業衣貸与，通勤バスなど
住宅関係	社宅・寄宿舎，住宅金融の援助・あっ旋など
生活援助関係	給食，購買(売店，理容・美容など)，託児(保育所など)など
医療・保険	病院・診療所，健康診断・衛生指導など
娯楽・教養関係	講堂・厚生会館・図書館・体育施設・社員クラブ，講習会など
共済・金融関係	慶弔金・厚生貸付金・預金・保険，育英会，共済会制度など
その他	社会保険(雇用保険・厚生年金保険・労災保険)，人事相談など

福利厚生は，企業が法律上義務として実施する**法定福利厚生**と自発的に実施する**法定外福利厚生**❶とに分けられる。

厚生労働省の就労条件総合調査では，法定福利厚生費と法定外福利厚生費をそれぞれ次のようにあげている。

法定福利厚生費 ………… 厚生年金保険料，労働保険料(雇用保険・労災保険)，児童手当拠出金，障害者雇用納付金，その他の法定福利費(法定補償費，石炭鉱業年金掛金および船員保険料等)。

法定外福利厚生費 ………… 住居に関する費用，医療保健に関する費用，食事に関する費用，文化・体育・娯楽に関する費用，私的保険制度への拠出金，労災付加給付の費用，慶弔見舞等の費用，財形貯蓄奨励金，給付金および基金への拠出金，その他の法定外福利費(従業員の送迎費用，持ち株援助，共済会拠出金，保育施設費等)。

❶法定外福利厚生は，企業経営が厳しくなったことと従業員の嗜好から，減少の傾向にある。

問9 企業にどのような福利厚生制度があったらよいか話し合ってみよ。

章末問題

1. 人事考課でよく用いられる評価基準を三つあげ，その内容を説明してみよ。
2. 次の用語を簡単に説明してみよ。
   ① 労働契約
   ② 労働協約
   ③ 労働費用
   ④ OJT
   ⑤ 自己申告制度
3. ある学期の実習について，目標管理を適用してみよ。

第10章 企業会計

この章では、企業会計の役割と意義、目的について、財務会計と管理会計、原価管理、財務諸表などを通して学習しよう。

企業会計を担当する職場（経理部）風景

1 企業会計の役割と意義

現代社会における人間の活動は、各個人がばらばらに勝手な行動をしているのではなく、目的達成のために多数の人々が集まって一定の組織をつくって活動しているのがふつうである。

企業の活動には、第2章で説明したように、「人」、「物」、「機械」、「方法」、「金」の生産の5要素(5M)が利用されている。この企業活動をより効率的に行うため、企業内部の人々は**資源**❶に関する**情報**❷と企業活動の結果の良し悪しに関する情報を必要としている。また、企業の外部にいる人々は、その企業に対し、自己のもつ利害関係について正しい判断をするのに役立つ情報を必要としている。このように企業の内部および外部の人々の要求にかなった情報を体系的に準備するところに**企業会計**❸の役割がある。

❶resource
　企業経営にとって役立つさまざまな要素や能力を経営資源とよぶ。
　人・物・金・情報を四大経営資源とよぶことがある。
❷information
❸corporate accounting

1 企業会計と経営活動の関係

企業は、人的要素と物的要素を結合して生産活動を営むものであり、そのためには**資金**の**調達**❹が必要である。必要な**資金**❺が供給されなけれ

❹funding, financing
❺fund

ば，生産活動をはじめることも継続することもできない。

　企業活動に必要な資金は，出資者による出資金(自己資本)と，金融機関などから借入金(負債＝他人資本)という形で調達する。さらに，調達した資金は，効率よく運用しなければならない。このような資金の調達と運用に関する業務を**財務**❶という。

❶finance

　資金の調達と運用について一定の計画(Plan)を立て，それに基づいて財務を実施(Do)し，結果を確認(Check)し，処置する(Act)ことを**財務管理**❷という。ここにもPDCAサイクルを生かすことがたいせつである。図10-1に，財務管理のPDCAサイクルを示す。

❷financial management

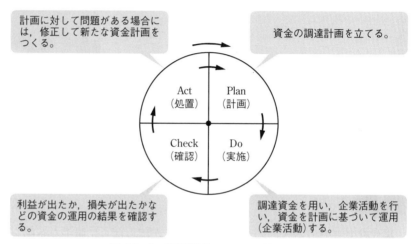

図10-1　財務管理のPDCAサイクル

　企業が経営活動を行う場合，金銭の受払いや物品の売買・消費その他の原因で，企業の財産はたえず変動する。財産に変動が生じたとき，

Column　簿記

簿記には小遣い帳のような**単式簿記**と企業で扱う**複式簿記**がある。

単式簿記とは，定められた方法はなく，現金の支出と収入をもとにして，記録・計算・整理された簿記である。

複式簿記とは，企業の経営活動を定められた記帳の方法に従って，記録・計算・整理する簿記であり，今日広く用いられている。

複式簿記は，企業の行った営業活動を網羅的に記帳する手段であるが，簿記の記帳原理を理解するためには，資産・負債・資本および収益・費用の内容を理解したうえで，これらを具体的な項目に分けて記録・計算し，記入する方法(**仕訳のしかた**)を覚えることが必要となる。

これを記録・計算してその結果をあきらかにすることを**会計**❶という。会計は，経営活動を数字で計算表示するもので，会計を行う方法として，**簿記**❷などを用いる。

2　財務会計と管理会計

　企業会計は，目的によって**財務会計**❸と**管理会計**❹に大きく分けられる。**財務会計**は，おもに企業を取りまく**投資家**❺・**株主**❻・**債権者**❼などの外部の利害関係者に対して，企業の経営成績や財政状態をあきらかにすることを目的としている。財務会計は，社会一般で認められた企業会計原則や**会社法**❽・証券取引法などに定められた**会計基準**❾に基づいて行われるものであり，会社独自の判断による会計処理や決算書を作成することは禁じられている。

　管理会計は，企業の経営者・管理者が経営管理を行うことを目的としており，経営管理に役立つ**資料**❿を作成するために行われる。このため，管理会計では財務会計のように会計処理の方法などで法的な規制は受けず，会社が独自の判断で行う。

表10-1　財務会計と管理会計の特徴

会計の種類	財務会計	管理会計
目的	外部報告目的	内部管理目的
利用者	株主・投資家・取引先など（外部利害関係者）	経営者・管理職
実施の制約	強制的	任意的
法的・会計原則の制約	あり	なし
対象範囲	過去実績	過去実績・見積計画値
実施上の重要点	正確性	迅速性

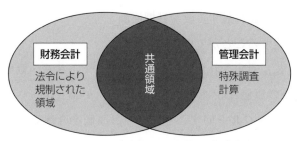

図10-2　財務会計と管理会計の関係

❶accounting
❷bookkeeping
❸financial accounting
　新聞などに公告される決算書は財務会計に基づいて作成されたものである。
❹management accounting
❺investor
　利益を得る目的で，事業あるいは企業に資金を投じる人。投じた資金で株式を取得した場合には株主となる。
❻stockholder, shareholder
　株式会社の株式の所有者。株式を購入することによって企業に資金を投入し，企業の業績に応じた利害関係者となる。
❼creditor
　資金の調達先である金融機関や材料の購入先など当該企業に対する債権を保有している人あるいは企業。
❽corporation law, company law
　▶第11章 p.179 参照。
❾accounting standard
❿資料の例として，製品別原価表，事業別損益計算表，製品在庫額，売上高営業費比率などがある。
　▶次節以降の内容を参照。

2 原価管理

原価は，製品の生産および販売に関して発生する費用であり，原価を計算する手続きを**原価計算**❶という。

製造業に携わる生産管理者・技術者にとって原価計算の内容を知ることはすべての基本であるといえる。ここでは，原価について学ぶとともに原価を知ることでどのようなことがわかるかを考えてみよう。

❶ cost accounting, costing

1 原価管理の意義

原価管理の目的とは，原価を合理的に引き下げることにある。企業が利益を得て持続的に繁栄するためには，できるだけ**費用**❷をかけずに製品をつくり，できるだけ販売価格を高く，製品を多く売り，売り上げを伸ばすことによって**利益**❸を確保する必要がある。

❷ expense, cost

❸ income（米），profit（英）

製品の生産および販売に関して発生する費用が原価であるから，原価の中身をよく知り，原価を合理的に引き下げることが，企業が利益を上げるもととなる。このためには，原価管理のために原価発生の場所・発生量・責任者などがあきらかになっていなければならない。原価計算を管理責任部署別に，原価発生の原因である作業または工程の費用がわかるように行うことになる。

原価管理の具体的な方法は各企業がいろいろな工夫を行っているが，その基本は目標とする原価と実際の原価を比較することである。目標とする原価の設定の観点として，

① 製品の販売価格から期待される原価
② 前期の実績に対する改善目標原価

などから設定することができる。

このように，設定された原価（Plan）に対して，生産・販売活動で得られた実際の原価（Do）を確認（Check）し，処置（Act）することで，**PDCA 管理サイクル**を回すことにより，原価を合理的に引き下げていくのが原価管理である。

2 原価の構成

製品を製造し，これを販売するには，材料費・賃金および工場経営上の諸費用・販売費・一般管理費など各種の費用がかかる。これらの費用はすべて製品の原価を構成することになる。

これらの費用の中で製品の製造だけにかかる費用を**製造原価**❶といい，これに**販売費**❷と**一般管理費**❸を加えたものを**総原価**❹という。

総原価 ＝ 製造原価 ＋ 販売費 ＋ 一般管理費

1. 原価要素

製造原価は，多種多様な費用からなりたっているが，これを原価要素の発生形態によって，**材料費**❺・**労務費**❻・**経費**❼の3原価要素に分類することができる。これらの要素の内訳を図10-3に示す。図10-3に示したように，総原価に適当な利益が加わって**販売価格**❽となる。図で示した利益は，一般に**営業利益**❾とよばれ，企業の営業活動の実力を表している。

材料費	労務費	経費	一般管理費と販売費	利益
素材費・買入部品費・工場消耗品費・備品費など	賃金❿・賞与・手当など	租税課金⓫・貸借料・電気料・水道料・旅費交通費・渉外費など材料費・労務費以外のすべての費用		

製造原価（工場原価）
総原価（販売原価）
販売価格

図10-3 販売価格の構成要素

2. 固定費と変動費

原価要素は**操業度**⓬との関係によって，**固定費**⓭と**変動費**⓮に分類することができる。

① **固定費**：操業度の増減にかかわらず，一定期間に一定額発生する費用で，建物・機械・電気などの設備関係費用（減価償却費など）や労務費など。

② **変動費**：操業度の増減によって変動する費用で，材料費および電気・水・空気などの費用（用役費）。

原価と固定費・変動費の関係は，経営全体の観点からみると図10-4のようになり，操業度が増しても固定費はほぼ一定であるが，変動費

---

❶manufacturing cost, production cost
❷selling expense
　倉庫保管費・運送費・宣伝費など販売活動に要する費用。
❸general and administrative expense
　役員報酬・法定福利厚生費など経営・管理活動に要する費用。
❹total cost
❺material cost
❻labor cost
❼expense
❽selling price, sales price
❾operating profit
　利益には営業利益のほかに，限界利益，売上総利益，経常利益，税引き前当期利益，当期利益がある。本章3節の財務諸表の損益計算書でそれぞれの利益の違いを学ぶ。
▶本章 p.175 参照。
❿wage
　作業者に支払われる報酬。
⓫taxes and dues
　国・地方公共団体から強制的に徴収される費用。
⓬capacity utilization
　企業の生産設備を稼働して作業する利用度合。
（例）一定期間における作業時間，生産量など。
⓭fixed cost, fixed expense
⓮variable cost, variable expense

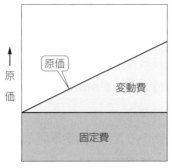
図10-4　経営全体からみた原価と固定費・変動費との関係

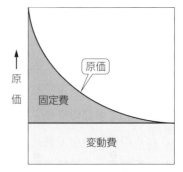
図10-5　製品1単位あたりの原価と固定費・変動費との関係

は生産量の増加にともなって増加する。

　一方，製品1単位あたりについて考えると，図10-5のように，操業度が増すに従って固定費は生産量の増加により減少するが，変動費は製品1単位あたりではほぼ一定となる。

3．損益分岐点

❶break-even point

　損益分岐点は，ちょうど採算のとれる（収支が0になる）売上高をいう。

　図10-6に示すように横軸の操業度が上昇して生産量が増えると売上高が増加し，縦軸の費用も生産量の増加に従って変動費が増えるため増加する。P点よりも操業度が上がって売上高が増えると利益が出るようになるが，P点未満では損失が出ることになる。このP点を損益分岐点とよんでいる。

❷marginal income

　また，売上高から変動費を引いたものを**限界利益**という。この限界利益と損益分岐点の関係を図10-7に示した。

$$限界利益 \ = \ 売上高 \ - \ 変動費$$

　すなわち，売上高が増加することによって限界利益が固定費より大きくなるところから利益が出ることになる。この点が損益分岐点である。

　限界利益が固定費より大きければ，すなわち，損益分岐点を越えていれば，採算がとれる状況である。しかし，限界利益が損益分岐点未満の採算がとれない条件でも，製品単位あたりの限界利益がプラス（いいかえれば，変動費より高く売れる条件）であれば，固定費を少しでも補填（てん）できるために，売買をする場合がある。

> ❖ 参考 損益分岐点を数式で解いてみよう❖
>
> 売上高(Y_1) = 売上単価(a) × 売上数量(x)
>
> 費　用(Y_2) = 変動費 ＋ 固定費
>
> 　　　　　　　= 変動費単価(b) × 数量(x) ＋ 固定費(C)
>
> 損益分岐点では，利益が0であるので，
>
> $Y_1 - Y_2 = 0$　すなわち，　$ax - bx - C = 0$
>
> これを変形すると，$ax\left(1 - \dfrac{bx}{ax}\right) = C$　よって，$ax = \dfrac{C}{1 - \dfrac{bx}{ax}}$
>
> すなわち，　売上高 = $\dfrac{固定費}{1 - \dfrac{変動費}{売上高}}$
>
> ここで，$\dfrac{変動費}{売上高}$ は**変動比率**を表し，$\left(1 - \dfrac{変動費}{売上高}\right)$ は**限界利益率**を表す。

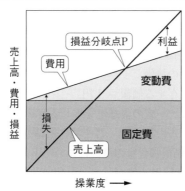

図 10-6　損益分岐点(P点)の考え方

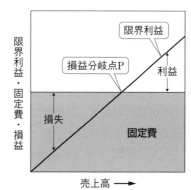

図 10-7　限界利益と損益分岐点(P点)の関係

4. 生産性の分析

生産性❶を分析するさいによく使われるのが，**付加価値分析**である。**付加価値**❷とは，その企業によって外部から調達した原材料などに新たに付け加えられた価値のことであり，企業活動の成果を意味するものである。付加価値を数値化する方法として，売上高から材料費で代表される外部購入した価値を差し引くことで求める**控除法**と，営業で得た利益に労務費・経費・一般管理費といった加工に要した費用を加えて算出する**加算法**❸がある。

この付加価値を用いて，従業員1人あたりの評価をしたのが**労働生産性**❹であり，設備に着目したのが**設備生産性**❺である。

① 労働生産性 = $\dfrac{付加価値}{従業員数}$ = $\dfrac{売上高}{従業員数} \times \dfrac{付加価値}{売上高}$

② 設備生産性 = $\dfrac{付加価値}{有形固定資産}$❻ = $\dfrac{売上高}{有形固定資産} \times \dfrac{付加価値}{売上高}$

❶productivity
❷added value

❸実務では，計算が容易なことから加算法がよく使われている。
❹labor productivity
❺equipment productivity

❻▶本章 p.175 参照。

この式から理解できるように，生産性を高くするということは，労務費や設備費を小さくするか，付加価値を大きくすることが重要である。実務では，付加価値を生産量に置き換えたり，有形固定資産を機械台数や機械稼働時間に置き換えて活用する場合もある。

Column　減価償却とは

　建物や機械・設備など長期間その役割を果たす資産（**固定資産**）がある。固定資産は使用または時の経過によって，当初の機能が衰え，旧式化し，ついには新しいものと交換しなければならなくなる。すなわち，使用または時の経過によってその価値が減っていく資産価値を**減価**といい，減価する資産は帳簿上その価額を減らしていかないと正しい資産の価額を表さないことになる。この減価は企業経営のために生じた損失なので，その額は製品原価の一部として回収しなければならず，原価計算において減価償却費として，経費に計上する必要がある。このために固定資産の耐用年数内の各会計期間に費用として配分する，その手続きのことを**減価償却**❶という。

　また，減価償却費用を毎年積み立てることで，耐用年数がつきたときに積み立てた費用で新しい設備を購入することができることになる。

① 耐 用 年 数：一般的には「固定資産の耐用年数等に関する省令」による耐用年数が使われる。
② 未償却残高：減価償却後の固定資産残高で固定資産の簿価。
③ 備 忘 価 額❷：減価償却資産の耐用年数経過時点に残存する価額＝1円。
④ 償 却 方 法：毎期一定額ずつ減価償却する**定額法**と，一定の償却率を乗じる**定率法**がある。
　　　　　　　　原価償却資産の取得時期が平成19年4月および平成24年4月を境に償却方法が一部改正された。よって，平成24年4月以後に取得した減価償却資産の償却について下記する。
⑤ 無形固定資産の減価償却：ソフトウェアや電話施設利用権等が該当し，定額法で残存価額「0」まで償却できる。

【減価償却の定額法と定率法】

　定額法　平成19年4月以後の取得資産に適用

　　算式：年度償却額 ＝ 取得価額 ÷ 耐用年数 ＝ 取得価額 × 定額法の償却率
　（注1）定額法の償却率は，「固定資産の耐用年数等に関する省令」の中の別表10を参照のこと。
　（注2）耐用年数経過時，残存簿価（備忘価額）1円を残す。

　　【計算例】取得価額　10 000 000 円
　　　　　　耐用年数8年（償却率：0.125）

（金額単位：円）

年度	償却限度額	償却累計額	未償却残高
1	10,000,000 × 0.125 = 1,250,000	1,250,000	8,750,000
2	10,000,000 × 0.125 = 1,250,000	2,500,000	7,500,000
3	10,000,000 × 0.125 = 1,250,000	3,750,000	6,250,000
4	10,000,000 × 0.125 = 1,250,000	5,000,000	5,000,000
5	10,000,000 × 0.125 = 1,250,000	6,250,000	3,750,000
6	10,000,000 × 0.125 = 1,250,000	7,500,000	2,500,000
7	10,000,000 × 0.125 = 1,250,000	8,750,000	1,250,000
8	10,000,000 × 0.125 = 1,250,000 → 1,249,999	9,999,999	1

❶depreciation
❷平成19年度税制改正により，平成19年4月1日以降取得の減価償却資産について制定。

定率法 平成 24 年 4 月以後の取得資産に適用（200％ 定率法）

算式Ⅰ：年度償却額 ＝ 未償却残高 × 定率法の償却率

↓ 算式Ⅰ計算値が償却保証額を下回る年度から算式Ⅱで計算

算式Ⅱ：年度償却額 ＝ 改定取得価額 × 改定償却率

（注 3）定率法の償却率および保証率は，「固定資産の耐用年数等に関する省令」の中の別表 10 を参照のこと。

（注 4）償却保証額 ＝ 取得価額 × 保証率

（注 5）改定取得価額とは，算式Ⅰで計算される年度償却額が償却保証額を下回る事業年度の期首未償却残高

【計算例】 取得価額　10 000 000 円

耐用年数 8 年（償却率：0.250，改定償却率：0.334

保証率：0.07909，償却保証額 ＝ 790 900 円）

（金額単位：円）

年度	償却限度額（償却計算）		償却累計額	未償却残高
1	10,000,000 × 0.250 ＝	2,500,000	2,500,000	7,500,000
2	7,500,000 × 0.250 ＝	1,875,000	4,375,000	5,625,000
3	5,625,000 × 0.250 ＝	1,406,250	5,781,250	4,218,750
4	4,218,750 × 0.250 ＝	1,054,688	6,835,938	3,164,062
5	3,164,062 × 0.250 ＝	791,016	7,626,954	2,373,046
6	2,373,046 × 0.250 ＝ 2,373,046 × 0.334 ＝	593,262 ＜ 790,900 792,597	8,419,551	1,580,449
7	2,373,046 × 0.334 ＝	792,597	9,212,148	787,852
8	2,373,046 × 0.334 ＝	792,597 → 787,851	9,999,999	1

例題 1 A ワイナリー社の 2015 年度の生産状況およびその年の損益計算書を表 10-2 に示す。このデータから，次の問いに答えよ。

1) 2015 年度の損益分岐点はワイン何本になるか。
2) 稼働率 100 ％ の操業が実現できた場合の営業利益はいくらか。

＜2015 年度の生産状況＞

生産量　　　　　：　400 000 本（150 000 リットル）

工場の生産能力　：　440 000 本

従業員数　　　　：　20 人

（延べ就労時間 40 000 時間，平均賃金 1 200 円/時間）

表 10-2　A ワイナリー社 2015 年度損益計算書　　　（単位：千円）

項目	金額	変動費	固定費
売上高	240,000		
売上原価	(184,000)	(134,000)	(50,000)
・原材料費（輸入原料）	50,000	50,000	
・消費材料費（ボトル, ラベルなど）	60,000	60,000	
・労務費（60％が変動費）	40,000	24,000	16,000
・減価償却費	19,000		19,000
・製造経費	15,000		15,000
販売費・一般管理費	(44,000)		(44,000)
・人件費	8,000		8,000
・広告宣伝費	21,000		21,000
・その他管理費	15,000		15,000
（営業利益）	12,000		

解答

1) 損益分岐点を求める。

2015 年度の販売価格を求める。

$$販売価格 = \frac{売上高}{数量} = \frac{240\,000}{400} = 600\,(円/本)$$

$$費用合計(Y_2) = 変動費 + 固定費$$
$$= 134\,000 + 50\,000 + 44\,000 = 228\,000\,(千円)$$

損益分岐点は，売上高(Y_1) = 費用合計(Y_2) であるから，

$$\frac{228\,000\,000}{600} = 380\,000\,(本)$$

損益分岐点は，ワイン 38 万本となる。

2) 営業利益を求める。

販売価格が変わらずに稼働率 100 % の操業を行った場合，すべてが売れた場合の売上高(Y_1)は，

$$Y_1 = 440\,000 \times 600 = 264\,000\,(千円)$$

固定費は変わらず，変動費が数量に比例して増加するため，

費用合計(Y_2)は，

$$Y_2 = 134\,000 \times \frac{440}{400} + 50\,000 + 44\,000$$
$$= 241\,400\,(千円)$$

営業利益は，$Y_1 - Y_2$ で求まるので，

$$264\,000 - 241\,400 = 22\,600\,(千円)$$

となる。

問 1 例題 1 において，2016 年度に稼働率 100 % の操業ができたとして，売上高営業利益率 10 % の目標利益を達成するためには，どれだけの改善をする必要があるか，次の三つの場合について考えてみよ。

なお，売上高営業利益率とは，売上高に対する営業利益の割合をいい，売上高営業利益率 = 営業利益 ÷ 売上高 で示される。

1) 販売価格を引き上げる場合(他の条件は同じとする)。
2) 変動費の削減が可能な場合(他の条件は同じとする)。
3) 固定費の削減が可能な場合(他の条件は同じとする)。

1)，2)，3)の場合とも，それぞれ金額と % の両方で答えよ。

3 財務諸表

就職先を検討するさいに会社の経営状態は気になるものである。また，取引をするさいにも取引先の財政状態を正確に把握することはリスク管理に欠かせない調査項目である。そのようなときに，重要な情報源となるのが**財務諸表**❶である。

1 財務諸表の役割と意義

財務諸表は，企業がその利害関係者に対して財政状態および経営成績に関する情報を財務会計に基づいて提供するものである。さまざまな利害関係者からの情報要求も次に示すように拡大されつつある。

① **投資家** 利益の配当，株式の売買および残余財産の分配
② **債権者** 利子の徴収，債券の売買および元本の回収
③ **従業員**❷ 賃金，賞与，その他労働報酬および労働条件の改善
④ **国・地方公共団体** 税金の徴収，企業に対する指導規制
⑤ **顧客**❸ 企業の生産物の購入と使用，価格や料金の負担
⑥ **地域住民** 企業の公害対策，地域社会奉仕

2 財務諸表の種類

企業活動の結果を財務諸表にまとめあげ，会計のもつ社会的役割を遂行するには，そこに何らかの社会的規範がなければならない。その社会的規範には，次のようなものがある。

① **会社法**および会社法施行規則，会社計算規則
② **企業会計原則**❹
③ 証券取引法および財務諸表等規則
④ 法人税法（租税特別措置法等）

①の会社法の計算書類等には次のものが含まれる。このほかに，事業報告と付属明細書が作成される。

　1）貸借対照表　　2）損益計算書　　3）株主資本等変動計算書
　4）個別注記表

証券取引法の財務諸表には次のものが含まれる。

　1）貸借対照表　　2）損益計算書　　3）キャッシュフロー計算書

❶financial statements
　財務諸表という用語は，証券取引法におけるものであり，会社法では一般的には計算書類とよばれている。

❷employee

❸customer

❹Generally Accepted Accounting Principles
　GAAPと略す場合がある。

3 財務諸表 | **173**

4）株主資本等変動計算書　　5）付属明細表

貸借対照表と損益計算書は，証券取引法上と会社法上で，一部の表示方法が異なるが，実質的には同じ内容のものである。ここでは，財務諸表の核となる**貸借対照表**と損益計算書について学ぶ。

1. 貸借対照表

貸借対照表❶は最も一般的な決算書である。企業会計原則において，貸借対照表日（決算日）におけるすべての資産・負債・純資産を網羅的に表示している。

表10-3に示した貸借対照表の例に示すように，左側に会社の**資産**❷が，右側に会社の**負債**❸と**純資産**❹が記載されている。左右の合計額がまったく同じにつくられることから，対照表とよばれ，一般に**バランスシート**（B/S）ともよばれている。

❶B/S, balance sheet

❷assets
調達した資金の使途を示す。

❸debts, liabilities
仕入れ先や銀行など株主以外から調達した返済義務のある資金。

❹net assets
企業の利益留保と株主が拠出した資金。

表10-3　貸借対照表の例

貸借対照表
平成27年3月31日現在
○○○株式会社　　　　　　　　　　　　　（単位：百万円）

資産の部		負債の部	
科目	金額	科目	金額
【流動資産】	9,600	【流動負債】	11,500
現金および預金	800	支払手形	4,000
受取手形	1,000	買掛金	2,000
売掛金	5,000	短期借入金	5,000
有価証券	300	その他	500
棚卸資産	2,000	【固定負債】	20,600
その他	500	長期借入金	20,000
【固定資産】	35,500	退職給付引当金	500
有形固定資産	31,000	その他	100
無形固定資産	2,000	負債の部合計	32,100
投資等	2,000	純資産の部	
その他	500	【株主資本】	13,000
		資本金	10,000
		資本剰余金	1,000
		利益剰余金	2,000
		純資産の部合計	13,000
資産の部合計	45,100	負債および純資産合計	45,100

❺current assets
❻fixed assets, non-current assets

資産の部は，**流動資産**❺と**固定資産**❻に分かれている。

　　流動資産　　現金・預金および1年以内に現金化できる資産全般をさし，受取手形・売掛金・有価証券等決算日のもち方によって項目が分かれている。

固定資産　　　1年を超えて所有したり，使用する資産をいい，建物・機械装置・土地などの有形固定資産と無形固定資産および投資等に分けられる。
　資産と同じように負債も**流動負債**❶と**固定負債**❷に分かれる。
　　流動負債　　　1年以内に支払わなければならない負債をいい，支払手形・買掛金・未払費用等に分かれている。
　　固定負債　　　支払期限や返済期間が1年を超える負債をいい，長期借入金や長期未払金などがある。
　純資産は，株主から払い込まれた**資本**（資本金＋資本準備金）と設立以来会社に蓄積されてきた**利益**（利益準備金＋剰余金）からなっている。
　貸借対照表の構成は理解できても，企業の経営状態を判断するためには十分とはいえない。すなわち，その企業が属する業界の他企業との比較やその企業自体の過去の動きを調べて，はじめてその企業の現在の姿を正しく把握できることになる。

> ❖**参考　企業判断の指標**❖
> 　企業の良し悪しを判断する指標としては，次のようなものがあげられる。
> 　　収益性：総資本回転率 ＝ 売上高 ÷ （負債および資本合計）
> 　　支払能力：流動比率 ＝ （流動資産 ÷ 流動負債）× 100
> 　　儲けの効率：売上総利益率 ＝ 売上総利益 ÷ 売上高
> 　　本業の儲け：営業利益率 ＝ 営業利益 ÷ 売上高
> 　　会社全体の実力：経常利益率 ＝ 経常利益 ÷ 売上高
> 　そのほかに，**営業利益率（ROA）**，**株主資本当期利益率（ROE）**，**経済的付加価値（EVA）**など数多くの指標がある。
> 　**問**　興味のある企業の財務諸表から，上の指標について調べてみよ。

2. 損益計算書

　損益計算書❸は，企業の一会計期間における経営成績を示す計算書であり，経営成績を収益と費用の形で示し，その差額として損益を表している。
　表10-4に示すように，**売上総利益（粗利益）**❹・**営業利益**❺・**経常利益**❻・**税引き前当期利益**❼・**当期利益**❽の五つの利益があり，この五つの利益の違いを知り，あわせて利益を**売上高**❾で割った**利益率**（とくに，**粗利益率・営業利益率・経常利益率**）を同業他社や前年度の結果と比較

❶current liabilities
❷fixed liabilities, non-current liabilities

❸P/L, profit and loss
❹gross profit
　総利益・粗利益ともいう。売上高から売上原価を差し引いた利益。
❺operating profit
　売上総利益から販売費および一般管理費を引いた利益。会社の本業であるおもな営業取引によって得た利益に相当する。
❻ordinary profit
　営業利益に営業外損益（営業外利益から営業外費用を引いたもの）を加えた利益。
　利息の受取・支払や有価証券の売買など，本業以外の損益も含めた日常的な経営活動による利益に相当する。
❼pretax profit of the current term
　経常利益に特別利益を加え，特別損失を引いた利益。
　本業と直接関係ない臨時的に発生した損益も計算して出した最終的な利益。
❽profit of current term
　純利益ともいう。
　税引き前当期利益から税額を差し引いた利益。
　その期における会社の最終利益。
❾sales

3　財務諸表　**175**

検討することで，企業の実力がみえてくることになる。

表10-4 損益計算書の例

損益計算書
自 平成26年4月 1日
至 平成27年3月31日

○○○○株式会社　　　　　　　　　　　　　　（単位：千円）

科　目	金　額	
Ⅰ．売上高		120,000
Ⅱ．売上原価		80,000
売上総利益		40,000
Ⅲ．販売費および一般管理費		30,000
営業利益		10,000
Ⅳ．営業外収益		1,000
受取利息および配当金	100	
雑収入	900	
Ⅴ．営業外費用		1,100
支払利息	900	
雑損失	200	
経常利益		9,900
Ⅵ．特別利益		200
固定資産売却益	100	
有価証券売却益	100	
Ⅶ．特別損失		400
固定資産売却損	200	
固定資産除却損	200	
税引き前当期利益		9,700
法人税，住民税および事業税		5,000
当期利益		4,700

問2 あなたが興味をもっている業界について，2社を選び，貸借対照表と損益計算書を比較してみよ（企業のホームページから，貸借対照表・損益計算書などの財務諸表を調べることができる）。

章末問題

1. 企業にとって企業会計が必要な理由を整理せよ。
2. 製造原価を合理的に引き下げる方法を，身近な製品一つを取り上げて考えてみよ。
3. 企業が持続的繁栄するためには，何がたいせつなのか，企業会計の面から考えてみよ。

第11章 工業経営関連法規

企業が産業活動を推進するには、多くの関係法令を遵守する必要がある。
この章では、各種の工業経営関連法規を学習しよう。

資格を必要とするクレーンの運転作業

1 法令の体系

企業や事業者の産業活動は、私たちの社会に大きくかかわっていて、またその影響も大きい。そのため生産活動を健全に行うために、多くの法令が定められており、これらの法令を確実に遵守することがたいせつである。それぞれの法令は、図11-1に示すように、国の各機関によって定められている。

国会で成立した法律を施行するときには、内閣がその法律に関する政令(**施行令**という)を制定し、次に所轄の省庁で省令(**施行規則**という)を定める。法令は法律・政令・省令に対する総称であり、法規はこれらの**成文法**❶の規定をさす。法令は拘束力をもち、違反すれば罰則を適用される。

しかし、法令は決して不変のものではなく、改正あるいは廃止されることも多い。とくに技術系の法令は、工業技術の発展にともなって

図11-1 法の体系

❶文字に書き表された、文章となっている法。制定された法はこの形式となっている。

改廃されることが多いため，実際に適用する場合には，改正の有無を確認する必要がある。なお法令のほかに，省庁が施行規則などを補うために公示する**告示**，所轄する諸機関に示達する**通達**，地方公共団体が議会の議決を経て制定する**条例**や，企業と地方公共団体との契約で定められる**協定**がある。また，**基準**は，協会や学会などで自主的に定めたもので，法令と違って拘束力はもたないが，基準として準拠することを法令で指定した場合には拘束力をもつことになる。❶

企業が誕生し，社会に製品を提供し，利用してもらうためには，製品開発・生産から，流通・販売，アフターケア，そして場合によっては事業停止までの活動をすることになるが，これらに対して社会からさまざまな支援や規制を受けることになる。次節からは，こうした内容に関する法律について，企業経営一般に関する法律，労働関係に関する法律，技術と工業振興に関する法律，環境保全に関する法律に分けて学んでいくことにする。

また企業には，災害防止，環境保全，消費者保護，生産・消費の合理化といった施策の目的を達成するため，施設や設備等の形成・設置・使用・廃棄等や事業を営む一定の事業場に，国で定められた資格者の選任を義務づけている（図11-2）。また，資格をもっている者の中から管理監督者等を選任することが義務づけられている。こうした製造業に関する資格と法令についても学ぶことにする。

❶**日本産業規格**(略称JIS)
産業標準化法に基づいて定められた国家規格で，鉱工業品の生産や品質管理などに用いられている。
▶第6章 p.99 参照。
国際標準化機構（略称ISO）では，工業製品の国際規格（ISO規格）を定めている。

玉掛技能者	ボイラー技士	移動式クレーン運転士	フォークリフト運転技能者
放射線取扱主任者（一般）	放射線取扱主任者（ECD）	産業廃棄物中間施設技術管理者	産業廃棄物処理施設技術管理者
毒物劇物取扱責任者	エネルギー管理者（熱）	エネルギー管理者（電気）	電気主任技術者
ボイラー・タービン主任技術者	公害防止管理者（大気）	公害防止管理者（水）	公害防止主任管理者
高圧ガス製造保安責任者（丙種化学）	高圧ガス製造保安責任者（特別丙種化学）	冷凍機械主任者	無線従事者
乾燥設備作業主任者	はい作業主任者	特定化学物質作業主任者	酸素欠乏危険作業主任者
安全管理者	危険物取扱者		

図11-2 事業所等で必要とされるおもな資格

2 企業経営一般に関する法律

　企業の活動は，社会の各方面に関係し，広い範囲に影響する。そこで企業の経営は，法律に基づいた国や地方公共団体の規制や助成を受けることが多い。

　とくに近年は，顧客や社会に対する企業責任の観点からその関係法令が整備されてきている。加えて，国際経済環境変化の影響から，企業の起業や倒産，合併が生じやすくなっており，これらに対応した法整備がなされてきている。

　わが国には，企業を規定し，その事業活動に関する基本的な法律である**商法**，**会社法**がある❶。さらに，生産や取引が不当なものや消費者にとって問題を与えないようにするための独占禁止法，証券取引法，消費者基本法，PL法などがある。表11-1に，企業経営に関するおもな法律を示す。

❶従来，会社に関する規定は，商法の一部や有限会社法などに分散して定められていたが，2006年に，会社に関する法律を一つに統合した「会社法」が施行された。
　さらに，2015年に内外の投資家から信頼されるような改正がなされている。
▶会社法については，下表と第2章 p.12参照。

表11-1 企業経営に関するおもな法律

名　称	概　要
商法	企業活動としての法律行為を定めた基本法規である。商人の営業，商行為その他商事については，他の法律に特別の定めがある場合を除いてはこの法律に従うとしているが，商事に関してこの法律に定めがない事項については商慣習に従い，商慣習がないときは民法の定めるところによるとしている。
会社法	会社の設立，組織，運営および管理について定めている。会社の種類としては，株式会社（有限会社を含む），合同会社，合資会社，合名会社がある。
独占禁止法（私的独占の禁止および公正取引の確保に関する法律）	企業の公正かつ自由な競争を促進することを目的に，事業者による私的独占，不当な取引制限（カルテル），不公正な取引方法の禁止，事業支配力の過度な集中防止その他いっさいの事業活動の不当な拘束を禁止することを定めている。違反行為に対する排除勧告措置や手続きも規定しており，法律の運用機関として公正取引委員会が設置されている。
消費者基本法	消費者と事業者との情報の質・量・交渉力等の格差を考慮し，「消費者の権利の尊重」と「消費者の自立支援」を基本理念とした消費者政策の基本事項を定めている。
PL法（製造物責任法）	製造物の欠陥による人の生命，身体または財産にかかわる被害が生じた場合の製造業者などの損害賠償の責任について定めている。
中小企業等協同組合法	中小規模の商業，工業，鉱業，運送業，サービス業その他の事業を行う者，勤労者その他の者が，相互扶助の精神に基づき，協同して事業を行うために必要な組織について定めている。

中小企業基本法	中小企業に関する施策を総合的に推進するため，その基本理念，基本方針その他の基本となる事項を定め，国および地方公共団体の責務等をあきらかにしている。
証券取引法	国民経済の適切な運営と投資者保護のため，国債証券，地方債証券，社債券，優先出資証券，株券といった有価証券の発行・売買その他の取引を公正にし，その流通を円滑にすることを目的としている。証券取引を取り巻く環境の変化に合わせて改定され，株式売買委託手数料，証券取引所，証券仲介業，証券会社登録などに関して，大幅な改定が続けて行われてきている。

3 労働関係に関する法律

憲法は，基本的人権としてすべての国民が勤労の権利を有するとともに義務を負うことを定めている。

わが国には，労働者が働くための条件や環境を規定する労働基準法[1]，労働安全衛生法，健康を害した場合や失業あるいは退職した場合の保障を規定する労働者災害補償保険法，健康保険法，雇用保険法，厚生年金保険法，職業安定法，職業能力開発促進法がある。

また，働くための条件を整備・改善するための勤労者の団結権・団体交渉権および団体行動権の保障を定めている労働組合法，労働関係調整法がある。

さらに，最近の人口構成，国際事業環境の変化を受け定められた女性や高齢者，あるいは非正規労働者に配慮した法律である短時間労働者の雇用管理の改善等に関する法律（パートタイム労働法），高年齢者等の雇用の安定等に関する法律，女性の職業生活における活躍の推進に関する法律（女性活躍推進法）がある。表11-2に，労働関係に関するおもな法律を示す。

[1] ▶労働基準法については，下表と第9章 p.151 の表9-1参照。

表11-2 労働関係に関する法律

名　称	概　要
労働基準法	労働者と使用者が契約するさいのさまざまな条件（労働条件という）で不利にならないように，労働者を保護する目的で，「労働契約」「賃金」「労働時間・休憩・休日および年次有給日」「損害補償」「就業規則」などを定めている。この法律で定める労働条件の基準は最低のものであり，使用者はこの基準を理由として労働条件を低下させてはならず，その向上をはかるようにつとめなければならない。

労働組合法	労働者が使用者との交渉において対等の立場に立つため，労働者の地位向上，条件交渉の代表者選出その他団体行動を行うために自主的に労働組合を組織すること，使用者と労働者との関係を規制する労働協約を締結するために団体交渉することとその手続き助成を定めている。 　労働組合法は，一般私企業の労働組合に適用される法律で，国・地方公共団体が経営する企業の職員，国家公務員，地方公務員の組合には別の法律（行政執行法人の労働関係に関する法律，国家公務員法，地方公務員法等）が優先して適用される。
労働関係調整法	労使間の労働争議が自主的に労使間で解決できない場合の調整・解決をはかるために定められている。労働委員会の争議解決の方法には，あっ旋（あっ旋者が争議関係者の意見を双方に伝えて解決の仲立ちをする），調停（調停者が争議関係者の意見を聞いて調停案をつくり，これを争議関係者に示して，その受諾を勧告する），仲裁（仲裁者が争議関係者の意見を聞いたうえで裁定する。争議関係者はこの裁定に従わなければならない）の三つの方法がある。
労働安全衛生法❶	労働災害の防止のための危害防止基準確立，責任体制の明確化と自主的活動の促進措置を講ずることなど，労働災害の防止に関する総合的・計画的な対策を推進することで，職場における労働者の安全と健康を確保し，快適な職場環境の形成を促進するために制定された。
職業安定法	産業に必要な労働力を充足し，職業の安定と経済の興隆に寄与するため，労働者をその能力に応じた職業につけることを目的に制定された。ただし，営利機関による職業紹介は弊害をともないやすいため，職業紹介は原則として国が行うこととした。公共職業安定所は職業紹介を行うほか，公共職業訓練のあっ旋，職業指導を取り扱う。
職業能力開発促進法	職業訓練・職業能力検定の内容の充実・強化と，実施の円滑化のための施策，ならびに労働者みずからが職業に関する教育訓練または職業能力検定を受ける機会を確保するための施策などを，総合的・計画的に講ずることを目的に制定された。
労働者災害補償保険法	災害補償が確実に行われるために，政府が保険者（保険の事業を営むもの）となって，使用者から保険料の払い込みを受け，業務上の事由または通勤による労働者の負傷・疾病・障害・死亡に対して保護し，保険給付を行い，合わせて労働者の社会復帰や遺族への援助など，労働者の福祉の増進に寄与することを目的に制定された。
健康保険法	保険者が被保険者の業務外の事由による疾病・負傷・死亡または出産およびその被扶養者の疾病・負傷・死亡また出産に関して保険給付を行い，国民の生活の安定と福祉の向上に寄与することを目的に制定された。 　保険者は，厚生労働大臣の認可を受けた健康保険組合または政府が保険者となる。保険に要する費用の大部分は被保険者とその事業主とが$\frac{1}{2}$ずつ負担し，一部は国庫が負担する。
雇用保険法	労働者が失業した場合などに必要な給付を行うことで労働者の生活の安定をはかり，その就職促進，失業予防，雇用状態是正，雇用機会増大，労働者の能力開発と向上その他を目的に制定された。 　この法律でいう失業とは，被保険者が離職し，労働の意思と能力がありながら職業につけない状況にあることをいう。保険者は政府で，雇用保険事務は公共職業安定所で行う。保険給付を受けるには，離職の日以前1年間に通算して6か月以上被保険者であったことが必要で，離職者は公共職業安定所へ行って求職の申込みをしたうえで，失業認定を受けなければならない。

❶▶第7章 p.111 側注❶，p.126 側注❶参照。

厚生年金保険法	この法律は，労働者の老齢，障害，死亡または被保険者の資格を喪失したときの脱退の場合に行う保険給付に関して必要な事項を定めている。保険者は政府で，保険給付の種類は老齢年金，通算老齢年金，障害年金および障害手当金，遺族年金，通算遺族年金，脱退手当金である。
短時間労働者の雇用管理の改善等に関する法律（パートタイム労働法）	パートタイム労働者は雇用者全体の約3割を占め，わが国の経済活動の重要な役割を担っているが，仕事や責任に比した賃金などの待遇面で労働意欲を失わせる状況が続いている。こうした問題を解消し，パートタイム労働者がその能力をいっそう有効に発揮することができる雇用環境整備と「公正な待遇の実現」をめざして制定された。
高年齢者等の雇用の安定等に関する法律	定年の引き上げ，継続雇用制度の導入等による高年齢者の安定した雇用の確保の促進，高年齢者等の再就職の促進，定年退職者その他の高年齢退職者に対する就業機会の確保等の措置を総合的に講じ，高年齢者等の職業の安定その他福祉の増進をはかることなどを目的に制定された。
女性の職業生活における活躍の推進に関する法律（女性活躍推進法）	みずからの意思で職業生活を営もうとする女性の個性と能力が十分に発揮され，女性の職業生活における活躍をはかるために制定された。 女性に対する採用，昇進等の機会の積極的な提供と活用，性別を反映した職場慣行が及ぼす影響への配慮，職業生活と家庭生活との両立をはかるために必要な環境の整備と本人の意思が尊重されることを基本原則としている。

4 技術と工業振興に関する法律

　市場競争力をもつためには，機能やデザインで他の製品と差別化がなされることが重要であり，そのためにはさまざまな創造的な活動が必要になる。**知的財産権**は，こうした人間の知的な創造活動から発生した物に対する権利の総称をいい，**著作権**や**産業財産権**などがある。産業財産権を守るために，特許法，実用新案法，意匠法，商標法などが定められている。また，国際競争力を創出するための法律が整備されつつある。

　表11-3に，科学技術やものづくりなど工業振興に関するおもな法律を示す。

表11-3 技術と工業振興に関する法律

名　称	概　要
特許法	発明の保護と利用をはかることで発明を奨励し，産業の発展に寄与することを目的としている。この法律での発明とは，自然法則を利用した技術的思想の創作のうちで高度なものをいう。特許権は，出願し，所定の手続きを経て，登録をされることによって発生し，特許出願の日から20年で終了する。
実用新案法	物品の形状・構造または組み合わせに関する考案の保護および利用をはかることにより，その考案を奨励し，産業の発展に寄与することを目的としている。ここでいう考案とは，自然法則を利用した技術的思想の創作をいう。考案が所定の手続きを経て登録されると実用新案権が発生し，登録出願の日から10年で終了する。
意匠法	物品の形状・模様・色彩またはその組み合わせで，視覚を通して美観を起こさせるものを意匠といい，この意匠の保護と利用をはかることで，意匠の創作を奨励し，産業の発展に寄与することを目的としている。意匠が所定の手続きを経て登録されると意匠権が発生し，設定の登録の日から20年で終了する。
商標法	商標は，文字・図形もしくは記号，立体的形状，またはこれらの結合またはこれらと色彩とを結合したもので，企業が生産または販売する商品について使用するものである。この法律は，商標を保護することによって，商標を使用するものの業務上の信用の維持をはかり，産業の発達に寄与し，同時に需要者の利益を保護することを目的としている。商標権は，設定登録の日から10年で終了するが，特別の場合を除き，更新登録の出願により更新することができる。
工業標準化法	この法律は，適正かつ合理的な工業標準の制定と普及に工業標準化を促進することによって，鉱工業製品の品質の改善，生産の合理化，取引の公正化，消費の合理化をはかり，公共の福祉増進に寄与することを目的としている。ここでいう工業標準化とは，鉱工業製品の種類―型式・形状・寸法・構造・品質・装備・等級・成分・性能・耐久性や生産方法，設計方法，製図方法など，また包装や試験・分析・検査・測定の方法，鉱工業の技術に関する用語・記号・符号・標準数または単位その他について全国的に統一または単純化することである。わが国の工業標準化制度では，主務大臣が，工業標準化法に定められた手続きによって日本工業標準調査会の審議を経て日本工業規格(JIS)を制定している。

計量法	計量の基準を定め，適正な計量の実施を確保することによって，経済の発展および文化の向上に寄与することを目的としている。
技術士法	この法律は，科学技術に関する高等の専門的応用能力を必要とする事項の計画・研究・設計・試験・評価，またはこれらに関する指導業務を行う「技術士」の資格を定め，業務の適正をはかり，科学技術の向上と国民経済の発展に資することを目的としている。技術の部門には，機械・航空機・電気・化学・情報処理・経営工学など17部門がある。
産業競争力強化法	この法律は，わが国経済を再興すべく，産業競争力強化に関する基本理念，国および事業者の責務，実行計画を定め，施策を総合的かつ一体的に推進するための態勢を整備する。また，規制改革による産業活動における新陳代謝の活性化促進，株式会社産業革新機構による特定事業活動支援，中小企業の活力の再生を円滑化するための措置を講じることを目的としている。
研究開発システムの改革の推進等による研究開発能力の強化及び研究開発等の効率的推進等に関する法律	国による資源配分から研究成果の展開に至るまでの研究開発システム改革を行うことにより，公的研究機関，大学，民間も含めたわが国全体の研究開発力を強化し，イノベーション（技術革新）の創出をはかり，日本の競争力を強化する目的で制定された。

5 環境保全に関する法律

地球環境および地域の環境を保全し，社会的・経済的な活動を続けていくことができる持続可能な社会をつくり上げるために，2000年に新環境基本法計画がまとめられ，循環型社会への法律がつくられた。その後，さらに低炭素型の産業を育成するように法整備が進められてきている。

こうしてわが国には，環境保全の基本理念法である「環境基本法」❶，各種開発を行うさいの環境評価を規定する「環境影響評価法（環境アセスメント法）」，防止体制に関する「特定工場における公害防止組織の整備に関する法律」がある。

❶第8章 p.131 参照。

さらに，エネルギー政策に関する法律は時代によって変化してきている。「エネルギーの使用の合理化に関する法律（省エネ法）」，「循環型社会形成推進基本法」，「エネルギー政策基本法」，「エネルギーの使用の合理化に関する法律（省エネ法）の一部を改正する等の法律」，「エネルギー環境適合製品の開発及び製造を行う事業の促進に関する法律（低炭素投資促進法）」などの法律もつくられてきた。表11-4に，環境保全に関するおもな法律を示す。

表11-4 環境保全に関する法律

名　称	概　要
環境基本法	環境の保全について，基本理念を定め，国，地方公共団体，事業者および国民の責務，施策の基本事項を定めることで，環境保全関連施策を総合的かつ計画的に推進するとともに人類の福祉に貢献することを目的として制定された。公害対策基本法は，この法律の施行にともなって廃止されたが，環境基準，公害防止計画などはこの法律に受け継がれている。
環境影響評価法（環境アセスメント法）	土地の形状の変更，工作物の新設等の事業を行う事業者が，事業実施であらかじめ環境影響評価を行うことが環境保全上きわめて重要である。この法律は，環境影響評価について国等の責務をあきらかにし，規模が大きく環境影響の程度が著しいものとなるおそれがある事業について環境影響評価が適切かつ円滑に行われるための手続きその他所要の事項を定めている。環境影響評価の結果をその事業にかかわる環境保全のための措置に反映させることを目的として制定された。
特定工場における公害防止組織の整備に関する法律（組織法）	この法律は公害防止統括者などの制度を設けることにより，特定工場（法で定めた公害発生のおそれのある工場）における公害防止管理組織の整備をはかり，公害防止に資することを目的として制定されている。関連する法規としては，大気汚染防止法，水質汚濁防止法，騒音規制法，悪臭防止法，振動規制法，農用地の土壌汚染防止等に関する法律，建築物用地下水の採取の規制に関する法律などがある。

エネルギーの使用の合理化に関する法律（省エネ法）	この法律は，内外におけるエネルギーをめぐる経済的社会的環境に応じた燃料資源の有効利用を確保するため，工場，建築物，および機械器具のエネルギーの使用の合理化を総合的に進めるために必要な措置などを講じることを目的として制定された。産業界においても，各企業はエネルギー削除が厳しく求められており，管理サイクルに基づいた省エネルギーの推進が行われてきている。
循環型社会形成推進基本法	この法律は環境基本法の基本理念にのっとり，循環型社会の形成について基本原則を定め，国，地方公共団体，事業者および国民の責務をあきらかにしている。また，循環型社会の形成に関する施策を総合的かつ計画的に推進し，現在および将来の国民の健康で文化的な生活の確保に寄与することを目的として制定された。
エネルギー政策基本法	この法律は，エネルギーは国民生活の安定向上と国民経済の維持・発展に欠くことのできないものであるとともに，その利用が地域および地球の環境に大きな影響を及ぼすことから，エネルギーの需給についての施策に関する基本方針を定めている。国および地方公共団体の責務等をあきらかにし，エネルギーの需給に関する施策の基本事項を定め，エネルギーの需給施策の長期的，総合的かつ計画的な推進により，地球環境の保全，わが国および世界の経済社会の持続的な発展に貢献することを目的として制定された。
エネルギーの使用の合理化に関する法律（省エネ法）の一部を改正する等の法律	エネルギー需給の早期安定化のため，供給体制の強化に万全を期す必要性から，需要サイドの持続可能な省エネを進めるため，①建築材料等にかかわるトップランナー制度の創設，②電力ピークの需要家側における対策（工場，輸送等）等の改正を行った。あわせて，①省エネルギーの促進，②リサイクルの促進，③特定フロンなどの特定物質の使用の合理化に関する事業活動に対する助成措置を促進してきた省エネ・リサイクル支援法は廃止された。
エネルギー環境適合製品の開発及び製造を行う事業の促進に関する法律（低炭素投資促進法）	わが国経済の成長の柱となる低炭素型産業の育成，産業全般の低炭素化への転換をはかるために制定された。同法でいう「低炭素型製品」とは，電気自動車，蓄電池，太陽光パネルなどさし，これらの開発・製造を行う事業者に対し，低利で長期の資金を供給すると同時に，中小企業などがリースによる低炭素型設備の導入をしやすいよう，新たな保険制度を創設している。

6 製造業に関係する資格と法令

　製造業では，火災・爆発・中毒などの発生のおそれのある物質を，製造したり取り扱ったりしている。そのため，保安・防災に関する法律は他の産業に比べると多く，関係する資格も多い。

　こうした資格には，無資格者がその業務に従事することを禁止する**業務独占資格❶**と，電気工事業における電気工事士のように，社長（事業としての免許人）が資格保持者である必要はないが，事業を行うためにはこの資格所持者を勤務させなければならない**必置資格**となるものがある。このほかに，法令で定める試験に合格したことを認める技術士のような**称号資格**がある。この節では，製造業に関係する重要な資格と関連法規を，表11-5に示す。

❶業務独占資格とは，移動式クレーンの運転のように，その資格がないとその業務を行うことができない資格。

表11-5 製造業に関係する資格と法令

資　格	関連法規名	概　　要
衛生管理者	労働安全衛生法	常時50人以上の労働者を使用する事業場において，労働者の健康，衛生を管理するために労働安全衛生法で選任が規定されている資格である。衛生管理者は毎週1回作業場を巡視，設備や衛生状態の点検など，衛生にかかわる技術的事項の管理を行う。資格には，全業種に適用される第1種と，商業やサービス業など非工業的業種に適用される第2種がある。受験資格には，高等学校卒業後，3年以上の労働衛生の実務経験が必要である。
ボイラー技士	ボイラー及び圧力容器安全規則	ボイラを取り扱うには，ボイラー取扱作業主任者の資格が必要で，ボイラの規模に応じて，特級，一級，二級のボイラー技士がある。上級免許を取得するには，それぞれボイラー技士としての実務経験が必要である。二級ボイラー技士免許は認定されたボイラー実技講習の修了などによって受験資格が得られる。
危険物取扱者	消防法	消防法では，危険物を物理的・化学的性質および消火方法により第1類から第6類に分類し，品目ごとに製造・取り扱い・貯蔵における指定数量を規定し，その取り扱いには危険物取扱者をあてる義務がある。取り扱える危険物に応じて，甲種，乙種，丙種の資格がある。甲種免許を取得するには，実務経験などが必要である。乙種および丙種危険物取扱者は，高等学校在学中でも取得できる。
消防設備士	消防法	消防法では，工場などにおいて消防設備を施工または整備するときには，消防設備士の資格を有する者が必要であるとしている。
毒物劇物取扱責任者	毒物及び劇物取締法	指定された毒物や劇物の製造および販売などをするときに必要で，高等学校または同等以上の学校で応用化学に関する学科を修了し，化学に関する専門科目を30単位以上修得していれば，試験免除され，必要なときに申請できる。

資格	法律	内容
高圧ガス製造保安責任者	高圧ガス保安法・免許制度	高圧ガスによる災害を防止するため，高圧ガスの製造，貯蔵，販売，輸入，移動，消費，廃棄などを規制している。1日の処理容積が30立方メートル以上の設備を使用して高圧ガスの製造をする工場には，保安統括者のほかに，保安企画推進員，保安技術管理者，保安主任者，保安係員をその工場の区分に応じて選任する必要がある。また，1日の冷凍能力が20トン以上の設備を使用して冷凍のための高圧ガスを使用する工場には，その区分に応じて冷凍保安責任者を選任する必要がある。これらは，いずれも高圧ガス製造保安責任者の資格を有する者の中から選任しなければならない。
電気主任技術者	電気事業法	電気主任技術者は，電気設備の保安監督を行う。発電所や変電所，それに工場，ビルなどの受電設備や配線など，電圧600ボルトを超える電気の設備（事業用電気工作物）をもっている事業主は，工事や普段の運転などの保安の監督者として，電気主任技術者を選任しなければならないことが法令で定められている。電圧や設備の内容によって，第一種から第三種までの3種類の電気主任技術者の資格がある。
電気工事士	電気工事士法	この法律は，電気工事の作業に従事する者の資格および義務を定めている。電気工事士には，第一種と第二種の2種類の資格がある。第二種の資格では一般住宅や店舗などの600ボルト以下で受電する設備の電気工事ができる。また，第一種の資格では，第二種の範囲と500キロワット未満の需要設備の電気に関する工事ができる。
施工管理技士	建設業法	有資格者は一定水準以上の施工技術を有することを認定され，検定の種目および級に応じて建設業法に規定する許可要件としての営業所に置かれる専任技術者および工事現場に置かれる主任技術者または監理技術者の資格を満たす者として取り扱われる。技術検定は，建設機械施工，土木施工管理，建築施工管理，電気工事施工管理，管工事施工管理，造園施工管理の6種目について1級と2級に区分して実施している。高等学校卒業後の実務経験必要年数は，2級の場合は指定学科は3年以上，指定学科以外は，卒業後4年6か月以上である。
建築士	建築士法	この法律は，建築物の設計，工事管理等を行う技術者の資格を定めて，その業務の適正をはかり，建築物の質の向上に寄与させることを目的として制定されている。種類としては，一級建築士は国土交通大臣，二級建築士は都道府県知事の免許を受けて設計・工事監理などの業務を行い，木造建築士は都道府県知事の免許を受け，木造の建築物に関し，設計，工事監理などの業務を行う。受験には二級建築士・木造建築士については高等学校建築学科卒業後，実務経験3年以上を必要とする。
自動車整備士	道路運送車両法	自動車の安全と経済的な使用を確保する適正な点検整備を実施する自動車整備士の資格をとるには，国土交通省が実施する自動車整備士の技能検定試験を受けなければならない。一級，二級，三級，特殊自動車整備士の資格があり，検定を受験するには，一定の受験資格が必要となる。
測量士・測量士補	測量法	測量士・測量士補国家試験は国土地理院が毎年実施し，測量士としての専門的学識および応用能力，測量士補としての専門的技術を判定する。合格すればそれぞれ測量士・測量士補の資格が得られる。測量士の場合は測量作業だけではなく，測量作業の主任者として測量計画作成まで担当できるのに対し，測量士補は，測量士の作成した計画に従って行う実際の測量業務に限定される。

索引

あ

ROE ………………………………… 175
ROA ………………………………… 175
$\bar{R}$ 管理図 ………………………………… 86
ISO ………………………………… 98,142
ISO 14001 ………………………………… 142
ISO 9000 シリーズ ………………………………… 98
IoT ………………………………… 45
ICT ………………………………… 8
IT ………………………………… 31
IT 社会 ………………………………… 5
アウトソーシング ………………………………… 5
悪臭 ………………………………… 131,133
粗利益 ………………………………… 175
粗利益率 ………………………………… 175
アローダイアグラム ………………………………… 36
アローダイアグラム法 ………………………………… 93
安全衛生委員会 ………………………………… 125
安全衛生活動 ………………………………… 110
安全衛生管理 ………………………………… 25,103,123
安全衛生管理組織 ………………………………… 123
安全衛生教育 ………………………………… 110
安全衛生計画 ………………………………… 109
安全衛生担当者 ………………………………… 124
安全管理者 ………………………………… 124
安全第一 ………………………………… 109
安全第一運動 ………………………………… 109
安全データシート ………………………………… 148
安全データをまとめた資料 ………………………………… 148
ERP ………………………………… 45
EV ………………………………… 138
EVA ………………………………… 175
イタイイタイ病 ………………………………… 131
1：29：300 の法則 ………………………………… 109
一般管理費 ………………………………… 167
一般従業員教育 ………………………………… 112
一般職 ………………………………… 153
一般廃棄物 ………………………………… 139
異動 ………………………………… 157
異動管理 ………………………………… 157
委任 ………………………………… 15
インターロック機構 ………………………………… 119
インダストリー 4.0 ………………………………… 45
インバースマニュファクチャリング
　………………………………… 136
上側規格 ………………………………… 73,80
売上総利益 ………………………………… 175
売上高 ………………………………… 175
運搬 ………………………………… 54,55
営業利益 ………………………………… 167,175
営業利益率 ………………………………… 175
衛生管理者 ………………………………… 124
HV ………………………………… 138
AIS ………………………………… 148
ABC 分析 ………………………………… 39
エコウィル ………………………………… 138

エコマーク ………………………………… 146
SNS ………………………………… 8
SQC ………………………………… 68
SCM ………………………………… 23,45
SDS ………………………………… 148
SDCA サイクル ………………………………… 69
SPM ………………………………… 140
$\bar{X}$ 管理図 ………………………………… 86
NPO ………………………………… 12
np 管理図 ………………………………… 91
エネファーム ………………………………… 138
FA ………………………………… 31
MRP ………………………………… 43,44
MPS ………………………………… 44
LCA ………………………………… 144
円グラフ ………………………………… 79
OC 曲線 ………………………………… 95
OJT ………………………………… 156,157
オゾン層の破壊 ………………………………… 134
帯グラフ ………………………………… 79
Off-the-job Training ………………………………… 112
OFF-JT ………………………………… 156
折れ線グラフ ………………………………… 79
On-the-job Training ………………………………… 112

か

回帰直線 ………………………………… 81,83
開業率 ………………………………… 8
会計 ………………………………… 165
会計基準 ………………………………… 165
会社法 ………………………………… 165,173,177
回収物流 ………………………………… 50
外製 ………………………………… 5
改良保全 ………………………………… 120
加害物 ………………………………… 107
化学物質排出移動量届出制度 ………………………………… 148
加工 ………………………………… 54,55
加算法 ………………………………… 169
課題設定能力 ………………………………… 156
過程決定計画図法 ………………………………… 93
加点主義 ………………………………… 158
稼働率 ………………………………… 46
株式会社 ………………………………… 13
株主 ………………………………… 13,165
株主資本当期利益率 ………………………………… 175
環境アセスメント ………………………………… 143
環境委員会 ………………………………… 141
環境影響評価 ………………………………… 143
環境影響評価法 ………………………………… 143
環境会計 ………………………………… 143
環境管理 ………………………………… 25,129,141
環境管理組織 ………………………………… 141
環境基本法 ………………………………… 131
環境報告書 ………………………………… 142
環境マネジメント ………………………………… 129
環境ラベル ………………………………… 146
環境レポート ………………………………… 142
間接原因 ………………………………… 108
間接検査 ………………………………… 95
間接的な原因 ………………………………… 107

ガント ………………………………… 34
監督業務 ………………………………… 14
ガントチャート ………………………………… 34,49,79
官能検査 ………………………………… 90
かんばん方式 ………………………………… 43
管理会計 ………………………………… 165
管理業務 ………………………………… 14
管理限界 ………………………………… 85,90
管理サイクル ………………………………… 17,25
管理図 ………………………………… 85
管理組織 ………………………………… 13
起因物 ………………………………… 107
機械加工 ………………………………… 5
規格限界 ………………………………… 73
規格の上限 ………………………………… 73
企業 ………………………………… 10
起業 ………………………………… 7
企業会計 ………………………………… 26,163
企業会計原則 ………………………………… 173
企業経営 ………………………………… 11
起業する ………………………………… 1
企業組織の原理 ………………………………… 14
危険予知活動 ………………………………… 114
危険予知訓練シート ………………………………… 114
基準 ………………………………… 178
基準生産計画 ………………………………… 44
技能講習 ………………………………… 126
技能職 ………………………………… 153
機能別組織 ………………………………… 15
機能別配置 ………………………………… 56
基本給 ………………………………… 159
基本図記号 ………………………………… 54
基本統計量 ………………………………… 75
逆工場 ………………………………… 136
CAD ………………………………… 45
CAM ………………………………… 45
キャリア ………………………………… 153
QA ………………………………… 97
QC ………………………………… 68
QC 工程図 ………………………………… 99
QC 工程表 ………………………………… 99
QC サークル ………………………………… 69
QC サークル活動 ………………………………… 113
QC ストーリー ………………………………… 69
QCD ………………………………… 6,26,28
QCD＋PSME ………………………………… 26
QC 七つ道具 ………………………………… 79
教育訓練 ………………………………… 156
教育訓練体系 ………………………………… 156
教育・人材育成 ………………………………… 149
協業 ………………………………… 14
業績給 ………………………………… 159
共通の目的 ………………………………… 14
協定 ………………………………… 178
協働意識 ………………………………… 14
共同配送 ………………………………… 51
強度率 ………………………………… 106
業務独占資格 ………………………………… 187
ギルブレス ………………………………… 63
くせ ………………………………… 88

区分	54,55	工程表	32	作業票	46
組立工業	5	工程分析	53	作業標準書	32
クラウドファンディング	8	高年齢者等の雇用の安定等に関する法律	151	作業用保護具	122
グラフ	79	5S	117	差立	46
グリーン購入	145	5S活動	117	3R	136
グリーン購入法	145	5M	28,73	産業	1
グリーン購買	145	5W1H	114	産業医	124
グリーン調達	145	国際標準化機構	142	産業の分類	3
グリーン物流	52	告示	178	産業廃棄物	139
クリティカルパス	36	国内総生産	4	3原価要素	167
グループ化	46	コジェネレーションシステム	138	三現主義	69
経営業務	13	故障率曲線	120	酸性雨	134
経済性	1	個人性	1	300運動	109
経済的付加価値	175	固定資産	170,175	散布図	81
経常収支	6	固定費	167	サンプリング	74
経常利益	175	固定負債	175	サンプル	74
経常利益率	175	個別生産	30	3ム	69
計数値	85,92	コミュニケーション	14	CRU	21
計数値用管理図	85	雇用のミスマッチ	3	CSR報告書	142
系統図法	93	混載	51	C・ケプナー	100
経費	167	コンセプト	22	シーズ	23
計量値	77,85,92	コンプライアンス	11	CDP	156
計量値用管理図	85	梱包	51	GDP	4
KT法	100			仕掛品	46
KY活動	109	**さ**		資格	126
KYT	114	サービス収支	6	時間計画保全	120
KYTシート	114	サーブリッグ	62	時間研究	59
月給制	151	サーブリッグ記号	62	私企業	12
結合点	36	サーマルリサイクル	137	識別表示マーク	147
ケプナー・トリゴー法	100	災害性疾病	121	事業者	104
原価	6	債権者	165	資金	163
減価	170	在庫	37	資金の調達	163
限界利益	168	在庫管理	39	資源	163
限界利益率	169	在庫期間	37	資源の有効な利用の促進に関する法律	147
原価管理	24,166	再使用	21,135	施行規則	177
原価計算	166	最小値	77	治工具	32
減価償却	170	再生利用	21	施行令	177
権限	15	再生利用	135	自己啓発	156,157
健康管理	122	最早日程	36	仕事給	160
検査	54,55	最大値	77	事後保全	120
検査特性曲線	95	最遅日程	36	資産	174
現場端末	50	財務	164	JIS	99,178
現品	50	財務会計	165	JISマーク	99
現品管理	50	財務管理	164	施設災害	104
公害	129	財務諸表	173	下側規格	73,80
公害対策基本法	131	採用管理	149,153	シックスシグマ	87
合格判定基準	96	材料計画	32,43	実験計画法	100
公企業	12	材料費	167	実施業務	14
工業管理	24	魚の骨	84	指定化学物質	148
公差	89	作業	36	自動車リサイクル法	135
控除法	169	作業環境管理	122	支払能力	175
工数	41	作業環境測定士	121	地盤沈下	131,133
工数計画	32,42	作業管理	122	資本	175
工数山積表	42	作業計画	32	資本金	175
工程管理	25,27,46	作業研究	53	資本準備金	175
工程計画	32	作業主任者	121,126	CIM	45
工程図記号	54	作業設計	32	社会性	1
工程設計	32	作業測定	59	ジャストインタイム	43
工程能力指数	89	作業的要因	121	斜線マーク	80
工程能力図	88				

収益性	175
終身雇用制度	150
重大災害	105
重点指向	84
集落サンプリング	75
主体作業	63
主体作業時間	63
受注生産	29
出向	157
需要の3要素	6,28
循環型社会形成推進基本計画	135
循環型社会形成推進基本法	135
循環生産システム	136
純資産	174,175
春闘賃上げ率	159
準備段取作業	63
準備段取作業時間	63
省エネルギー	138
昇格	160
昇格・昇進管理	160
称号資格	187
昇進	160
状態監視保全	120
小日程計画	33,34
消費者危険	96
少品種多量生産	30
商法	179
情報	163
情報化社会	5
正味時間	63
剰余金	175
省略	54,55
商流	50
条例	178
職業	1
職業人	2
職業性疾病	103,121
職業の3要素	1
職業の分類	2
職長教育	112
職能給	160
職場内訓練	47
職務給	160
職務資格制度	153,160
職務主義	152
職務遂行能力	153,156
職務分類制度	153
所定外給与	160
ジョブショップ型	57
所要工数	30
シリーズ方式	138
資料	165
仕訳のしかた	164
新規採用者教育	112
新QC七つ道具	79,93
人材育成	156
人材教育	156
人事管理	26,149
人事考課	149,158
人事政策	150,152

人事制度	153
進捗管理	47
人的原因	107,108
親和図法	93
水質汚濁	131,132
ストレスチェック制度	123
スパイラル アップ	18,68
生活習慣病	122
正規分布	78
正規分布曲線	78
生産活動の5要素	28
生産管理	25,27
生産計画	22,27,32
生産形態	29
生産指示かんばん	43
生産者危険	96
生産性	169
生産の5M	16
生産方式	29
生産保全	120
製造原価	167
製造物責任	20
製造物責任法	98
正の相関がある	81
税引き前当期利益	175
製品固定別配置	57
製品在庫量	37
製品物流	50,51
製品別配置	57
成文法	177
責任	15
セクシュアルハラスメント	122
セクハラ	155
設備計画	32
設備生産性	169
設備配置	56
セル生産方式	31,58
ゼロ災運動	113
全社的生産保全	120
全数検査	94
層	82
騒音,振動	131,133
総括安全衛生管理者	124
相関係数	81
操業度	167
総原価	167
総合給	160
総合職	153
総合的(全社的)管理	18
総合的品質管理	68
装置工業	5
層別	82
層別サンプリング	75
属人給	160
属人主義	152
組織の3要素	14
組織編成	152
損益計算書	174,175
損益分岐点	168

た

第一次産業	3
第一次所得収支	6
ダイオキシン	140
大気汚染	131,132
第三次産業	3
貸借対照表	174
対人能力	156
第二次産業	3
第二次所得収支	6
大日程計画	33
太陽光発電	138
多工程持ち	57
多段サンプリング	75
タッチ・アンド・コール	115
多能工化	57
多品種少量生産	30
WF	66
玉掛け用ワイヤロープ	108
ダミー工程	37
単位作業	53
単式簿記	164
単純サンプリング	74
男女雇用機会均等法	151
段取り	46
チェックシート	80
地球温暖化	134
地球環境問題	134
中央値	75
中日程計画	33
調整	15
調達物流	50,51
調達リードタイム	41
直接原因	107
賃金管理	159
通達	178
手当	160
定額法	170
定期発注方式	41
定期保全	120
TQM	68
TQC	68
定昇	160
停滞	54,55
テイラー	54
定率法	170
定量発注方式	40
THP	122
データ	74
データ収集用チェックシート	80
TPM	120
デジタルファブリケーション	8
DM	60
手順計画	32
電気自動車	138
点検用チェックシート	80
同期化	46
当期利益	175
統計的品質管理	68

統合生産システム	31
動作経済の原則	61
動作研究	61
投資家	165
投資の経済的評価	9
統制限界	15
特性要因図	84
特別教育	112
土壌汚染	131,132
度数分布曲線	72
度数分布表	71
度数率	105
トヨタ生産方式	43

な

内製	5
流れ生産方式	31
流れ線	54,55
7公害	131
新潟水俣病	131
ニーズ	23
二項係数	92
二項分布	92
荷姿	43
2段サンプリング	75
日給月給制	151
日給制	151
日程計画	32
日本産業規格	99,178
荷役	51
認証制度	99
抜取検査	94
年功制度	150,153
年千人率	105
年俸制	151
燃料電池	138
納期	6,37
能力	41
ノード	36
延べ労働時間数	105

は

パート	35
パート図	35
パートタイム労働法	151
配置	157
配置・異動管理	149
配置換え	47
ハイブリッド自動車	138
ハインリッヒ	109
破壊検査	94
バスタブ曲線	120
発生抑制	135
発注間隔	41
ハット	109
ハラスメント	155
ばらつき	70
パラレル方式	138
バランスシート	174
パレート図	84

パレート分析	84
パワーハラスメント	122
パワハラ	155
範囲	77
販売価格	167
販売費	167
PRTR	148
PHV	138
B/S	174
PSME	26
PM2.5	140
PL	20,98
PL法	98
p管理図	90
PTS法	66
PDCA管理サイクル	166
PDCAサイクル	17,25,27,68,164
PDPC法	93
B・トリゴー	100
引取りかんばん	43
微小粒子状物質対策	140
ヒストグラム	72,80
必置資格	187
必要な職務	152
人の不安全な行動	109
非破壊検査	94
ヒヤリ	109
ヒヤリ・ハット活動	109,114
ヒヤリ・ハット報告書	114
費用	166
標準化	69
標準時間	63
標準偏差	76
標本	74
標本分散	76
標本平均	75
品質	6,67
品質意識の向上	68
品質改善活動	69
品質管理	25,68
品質管理サイクル	68
品質検査	94
品質特性	67,70
品質特性値	80
品質保証	94,97
品質マネジメントシステム	99
フィッシャー	100
風力発電	138
フールプルーフ	118
フェイルセーフ	118
負荷	41
付加価値	169
付加価値分析	169
複式簿記	164
福利厚生	149,161
負債	174
物的原因	107,108
物理的要因	121
物流	50
物流管理	51

物流コスト	51
不適合品数の管理図	91
不適合品率	90
歩留り	48
負の相関がある	81
不偏分散	76
部門別管理	18
浮遊粒子状物質	140
プラグインハイブリッド自動車	138
ブラック企業	155
フローショップ型	57
プロジェクトチーム	15
プロダクトアウト	67
分業	14
分散	76
ペア	160
平均値	75
平準化	43
平方和	76
偏差	76
変動係数	76
変動費	167
変動比率	169
貿易収支	6
棒グラフ	79
報告・連絡・相談	114
法定外福利厚生	161
法定点検	120
法定福利厚生	161
方法研究	59
ほうれんそう	114
保管	51
簿記	164,165
保護具	122
母集団	73,74
保守・保全	119
補助図記号	54
母標準偏差	76
母分散	76
母平均	75
本業の儲け	175
本質安全化装置	118

ま

マーケットイン	67
マザー工場	7
マテリアルリサイクル	137
マトリックス図法	93
マトリックス・データ解析法	93
慢性疾病	121
見込生産	29
緑十字の旗	103
水俣病	131
無限責任	12
無作為抽出	74
無試験検査	95
命令の統一	14
メディアン	75,76
儲けの効率	175
モーダルシフト	52

目標管理	158
目標要員数	154
物の危険な状態	109
問題解決能力	156

や

役職制度	153,160
矢印	36
有意サンプリング	74
有限責任	12
U字型生産ライン	57
有所見率	122
輸送	51
指差呼称	115
ゆらぎ	95
要員計画	32
要素作業	53
予知保全	120
四日市ぜんそく	131
予防保全	120
余裕時間	64
余裕率	64
余力	42
余力管理	49
4ラウンド法	115
4S活動	117
4M	73
四大公害	131

ら

ライフサイクル	21
ライフサイクルアセスメント	144
ライフサイクルコスト	120
ラインスタッフ組織	15,16
ライン生産方式	57
ライン組織	15
ライン編成	56
乱数	74
乱数サイ	74
乱数表	74
ランダムサンプリング	74
利益	166,175
利益準備金	175
利益率	175
リサイクル	21,135,137
リサイクル物流	52
リスク	9
リスクアセスメント	109
リデュース	135,136
リユース	21,135,137
流通	50
流動資産	174
流動数曲線	37
流動負債	175
累積生産量	37
累積納入量	37
レイアウト	56
レイティング	63
レイティング係数	64
レーダーチャート	79
連関図法	93
連続生産	31
労使関係	154
労働安全衛生法	104
労働基準法	104,151
労働協約	155
労働組合	155
労働契約	151
労働災害	104
労働生産性	169
労働費用	159
労働分配率	154
労務費	167
ロジスティクス	50,51
ロット	30,70
ロット生産	30

わ

ワークシステム	59

英字

ABC分析	39
AIS	148
B/S	174
B・トリゴー	100
C・ケプナー	100
CAD	45
CAM	45
CDP	156
CIM	45
CRU	21
CSR報告書	142
DM	60
ERP	45
EV	138
EVA	175
FA	31
GDP	4
HV	138
ICT	8
IoT	45
ISO	98,142
ISO 14001	142
ISO 9000シリーズ	98
IT	31
IT社会	5
JIS	99,178
JISマーク	99
KT法	100
KYT	114
KYTシート	114
KY活動	109
LCA	144
MPS	44
MRP	43,44
NPO	12
np管理図	91
OC曲線	95
OFF-JT	156
Off-the-job Training	112
OJT	156,157
On-the-job Training	112
PDCAサイクル	17,25,27,68,164
PDCA管理サイクル	166
PDPC法	93
PHV	138
PL	20
PL法	98
PM2.5	140
PRTR	148
PSME	26
PTS法	66
p管理図	90
QA	97
QC	68
QCD	6,26,28
QCD+PSME	26
QCサークル	69
QCサークル活動	113
QCストーリー	69
QC工程図	99
QC工程表	99
QC七つ道具	79
ROA	175
ROE	175
R管理図	86
SCM	23,45
SDCAサイクル	69
SDS	148
SNS	8
SPM	140
SQC	68
THP	122
TPM	120
TQC	68
TQM	68
U字型生産ライン	57
WF	66
$\overline{X}$管理図	86

数字

1:29:300の法則	109
2段サンプリング	75
3R	136
3原価要素	167
3ム	69
4ラウンド法	115
4M	73
4S活動	117
5M	28,73
5S	117
5S活動	117
5W1H	114
7公害	131
300運動	109

■監修

東京工業大学名誉教授
村木正昭

■編修

神奈川大学教授
石井信明

元東レ株式会社
原田博幸

株式会社ブリヂストン
峯尾啓司

元富士写真フイルム株式会社
吉田　透

千葉商科大学教授
吉竹弘行

元埼玉県立秩父農工科学高等学校教諭
布施憲夫

埼玉県立秩父農工科学高等学校教諭
増井伸博

実教出版株式会社

表紙デザイン──鈴木美里
本文基本デザイン──ケークルーデザインワークス

写真・資料提供──富士ゼロックス株式会社
　　　　　　　　　INMAGINE 123RF株式会社
　　　　　　　　　株式会社オークマ
　　　　　　　　　株式会社重松製作所
　　　　　　　　　株式会社シモン
　　　　　　　　　株式会社谷沢製作所
　　　　　　　　　株式会社ピーピーエス通信社
　　　　　　　　　株式会社理研オプテック
　　　　　　　　　セイコーウオッチ株式会社
　　　　　　　　　大日本印刷株式会社
　　　　　　　　　ピクスタ株式会社
　　　　　　　　　品質管理検定センター
　　　　　　　　　横浜火力発電所

工業管理技術

新訂版

©著作者　村木正昭
　　　　　ほか8名（別記）

●発行者　実教出版株式会社
　　　　　代表者　小田良次
　　　　　東京都千代田区五番町5

●印刷者　図書印刷株式会社
　　　　　代表者　川田和照
　　　　　東京都北区東十条3丁目10番36号

●発行所　実教出版株式会社
　　　　　〒102-8377　東京都千代田区五番町5

　　　　　電話〈営業〉　(03)3238-7777
　　　　　　　〈編修〉　(03)3238-7854
　　　　　　　〈総務〉　(03)3238-7700

　　　　　https://www.jikkyo.co.jp/

●発行者の許諾なくして本教科書に関する自習書・解釈書・練習書もしくはこれに類するものの発行を禁ずる。

ISBN 978-4-407-33932-1

品質管理検定(QC検定)3級レベル表と本書との対応

品質管理検定センター「品質管理検定レベル表(Ver.20150130.1)」から作成。　※3級の試験範囲には4級の試験範囲も含まれる。

品質管理の実践			関連ページ
品質管理の基本 QC的なものの みかた・考え方		マーケットイン,プロダクトアウト,顧客の特定,Win-Win	p.67
		品質優先,品質第一	p.69
		後工程はお客様	p.69
		プロセス重視(品質は工程でつくるの広義の意味)	p.69
		特性と要因,因果関係	p.84
		応急対策,再発防止,未然防止,予測予防	p.107,108
		源流管理	—
		目的志向	—
		QCD+PSME(生産性,安全,環境,士気)	p.26
		重点指向	p.84
		事実に基づく活動,三現主義	p.69
		みえる化,潜在トラブルの顕在化 *①	p.79
		ばらつきに注目する考え方	p.70
		全部門,全員参加	p.68
		人間性尊重,従業員満足(ES)	—
品質の概念		品質の定義	p.68
		要求品質と品質要素 *②	p.68
		ねらいの品質とできばえの品質 *③	p.69
		品質特性,代用特性	p.70
		当たり前品質と魅力的品質	—
		サービスの品質,仕事の品質	—
		社会的品質	—
		顧客満足(CS),顧客価値	p.97
管理の方法		維持と改善	p.68
		PDCA,SDCA,PDCAS	p.68
		継続的改善	p.69
		問題と課題	—
		問題解決型QCストーリー	p.69
		課題達成型QCストーリー	—
品質保証	新製品開発	結果の保証とプロセスによる保証	—
		保証と補償	p.97,98
		品質保証体系図	—
		品質機能展開	—
		DRとトラブル予測,FMEA,FTA	—
		品質保証のプロセス,保証の網(QAネットワーク)	—
		製品ライフサイクル全体での品質保証	—
		製品安全,環境配慮,製造物責任	p.20,98
		市場トラブル対応,苦情とその処理	p.97
	プロセス保証	作業標準書	p.46,99
		プロセス(工程)の考え方	p.99
		QC工程図,フローチャート	p.99
		工程異常の考え方とその発見・処置	p.89
		工程能力調査,工程解析	p.89
		検査の目的・意義・考え方(適合,不適合)	p.94
		検査の種類と方法	p.94
		計測の基本	—
		計測の管理	—
		測定誤差の評価	—
		官能検査,感性品質	p.90

品質経営の要素			関連ページ
方針管理		方針(目標と方策)	—
		方針の展開とすり合わせ	—
		方針管理のしくみとその運用	—
		方針の達成度評価と反省	—
日常管理		業務分掌,責任と権限	—
		管理項目,管理項目一覧表	p.100
		異常とその処置	—
		変化点とその管理	—
標準化		標準化の目的・意義・考え方	p.69,73
		社内標準化とその進め方	p.69,73
		工業標準化,国際標準化	p.99
小集団活動		小集団改善活動(QCサークル活動など)とその進め方	p.69
人材育成		品質教育とその体系	p.47
品質マネジメントシステム		品質マネジメントの原則	p.99
		ISO9001	p.99

品質管理の手法			関連ページ
データのとり方・まとめ方		データの種類	p.85
		データの変換 *④	p.86
		母集団とサンプル	p.74
		サンプリングと誤差	p.74
		基本統計量とグラフ	p.75
QC七つ道具		パレート図	p.84
		特性要因図	p.84
		チェックシート	p.80
		ヒストグラム	p.80
		散布図	p.81
		グラフ(管理図は別項目として記載)	p.79
		層別	p.82
新QC七つ道具		親和図法	p.93
		連関図法	p.93
		系統図法	p.93
		マトリックス図法	p.93
		アローダイアグラム法	p.93
		PDPC法	p.93
		マトリックス・データ解析法	p.93
統計的方法の基礎		正規分布(確率計算を含む)	p.78
		二項分布(確率計算を含む)	p.92
管理図		管理図の考え方,使い方	p.85
		$\bar{X}\cdot R$ 管理図	p.86
		P 管理図,np 管理図	p.90,91
工程能力指数		工程能力指数の計算と評価方法	p.89
相関分析		相関係数	p.81
抜取検査※		抜取検査の考え方	p.94
		計量規準型抜取検査	p.94
実験計画法※		実験計画法の考え方	p.100

※は2級レベル

◆**認定する知識と能力のレベル**◆
- QC七つ道具については、つくり方・使い方をほぼ理解しており、改善の進め方の支援・指導を受ければ、職場において発生する問題をQC的問題解決法により、解決していくことができ、品質管理の実践についても、知識としては理解できる。
- 基本的な管理・改善活動を必要に応じて支援を受けながら実施できる。

◆**対象となる人材像**◆
- 業種・業態にかかわらず自分たちの職場の問題解決を行う全社員《事務,営業,サービス,生産,技術を含むすべて》
- 品質管理を学ぶ大学生・高専生・高校生

*①「みえる化」→「グラフによる視覚化」　*②「要求品質」→「顧客の要求に合った品質」　*③「ねらいの品質」→図6-1のPlanの「設計の品質」
*④「データの変換」→表6-14中の二番目の吹き出し。計算しやすいようにデータを変換。

工業管理における各管理業務

章	管理業務	Plan（計画）
第4章	生産管理	販売計画に基づいて生産能力を検討し、生産計画を決め、資材を調達する。
第5章	工程管理	作業研究から作業の標準時間を決め、どのような順序・方法で行うかを計画する。
第6章	品質管理	消費者の要求に合った製品を経済性のある水準で設計する。
第7章	安全衛生管理	安全衛生目標の設定を行い、安全衛生計画を作成する。
第8章	環境管理	環境方針・計画を立てる。ライフ サイクル アセスメントを行う。
第9章	人事管理	新規採用計画や従業員の教育計画・配置計画などを立てる。
第10章	企業会計	資金の調達計画を立てる。